Görisch | Helm
Biogasanlagen

Uwe Görisch | Markus Helm (Hrsg.)

Biogasanlagen

Planung, Errichtung und Betrieb von landwirtschaftlichen und industriellen Biogasanlagen

3. völlig neu bearbeitete Auflage

41 Abbildungen

13 Tabellen

Ulmer

Inhaltsverzeichnis

Vorwort

Mit derzeit ca. 8 000 Stück sind Biogasanlagen heute ein wesentlicher Teil bei der Energieversorgung aus Erneuerbaren Energien in Deutschland geworden.

Im Gegensatz zu Windkraft- und Fotovoltaikanlagen habe sie dabei einen unschätzbaren Vorteil: Sie besitzen Einrichtungen, um die Energie zu speichern und bedarfsgerecht abzugeben.

In den Silos der Biogasanlagen befindet sich durch Fotosynthese umgewandelte, gespeicherte Sonnenenergie. Neben diesen „Langzeitspeichern" haben sie mit ihren Gasspeichern Möglichkeiten, die Gasproduktion und den Verbrauch an Gas entkoppeln zu können. Wird das Biogas zu Biomethan aufbereitet und in das Erdgasnetz eingespeist, erschließt sich eine weitere, umfassende Speichermöglichkeit, um die Energie bedarfsgerecht zur Verfügung stellen zu können.

In den letzten Jahren sind die Erneuerbaren Energien – und Biogasanlagen im Speziellen – oft in die Kritik geraten: Die „Vermaisung" der Landschaft, der Wettbewerb zwischen Energie- und Nahrungsmittelproduktion, steigende Pachtpreise, Nitrat im Grundwasser und Lärmbelästigung durch Transportfahrzeuge sind die am häufigsten genannten Kritikpunkte.

Es ist nicht ungewöhnlich, dass Technologien, die das Nischendasein verlassen und auch optisch sichtbar werden, in das Bewusstsein der Bevölkerung treten und damit auch Gegenstand öffentlicher Diskussion werden. Und das ist gut so.

Wichtig ist dabei allerdings, dass sachlich diskutiert wird. Dass objektiv Probleme erkannt und beseitigt werden und nicht nur ein Schubladendenken einsetzt.

Zu hohe Preise für Inputstoffe schädigen primär erst einmal den wirtschaftlichen Erfolg der Biogasanlagen selbst, bis hin zur drohenden Insolvenz. Bodenabtrag und Nitratprobleme beim Anbau von Mais sind nicht erst durch die Zunahme der Zahl von Biogasanlagen bekannt geworden. Und es gibt seit Jahrzehnten das notwendige Wissen, wie sich diese Probleme beim Maisanbau vermeiden lassen. Und bezüglich des Pestizideinsatzes lässt sich anmerken, dass dieser beim Maisanbau deutlich geringer ist als z. B. bei Getreide.

Mit dem EEG 2012 wurden Quoten zur Begrenzung des Maisanteils in der Inputmischung und zur Wärmenutzung eingeführt. Man muss sich aber auch darüber im Klaren sein, dass Mais eben der vergleichsweise am preiswertesten zu produzierende Inputstoff für Biogasanlagen ist. Alternativen gibt es, aber die sind teurer. Biogas aus Abfällen: Ja gerne. Aber da sprechen wir dann über ein Potential von 50–100 Biogasanlagen in Deutschland. Das sind Stammtischparolen von Politikern, die dort ihre Klientel akquirieren möchten. Das wird uns bei den Bemühungen zur Erhöhung des Anteils Erneuerbarer Energien nicht wirklich weiter bringen.

„Biogas kann's", das haben die letzten Jahre eindrucksvoll gezeigt. Biogas kann vor allem gespeichert und bedarfsgerecht eingesetzt werden. Man muss ihm nur auch weiter die Chance und die Unterstützung geben, es auch in Zukunft zeigen zu können. Das ist die gesellschaftliche und politische Herausforderung.

An dieser Stelle möchte ich allen Mitautoren danken. Der Dank gilt auch dem Verlag, der diese Publikation durch Mittragen des wirtschaftlichen Risikos überhaupt erst ermöglicht hat. Mein besonderer Dank gilt meiner Kollegin, Frau Kiermaier-Fertl, die die mühevolle Arbeit der redaktionellen Zusammenführung und Korrektur der Beiträge der Autoren übernommen hat.

Freising, im Sommer 2013
Dr. Markus Helm

1 Warum ist der Betrieb einer Biogasanlage interessant?

Dr. Markus Helm

Die Errichtung und der Betrieb einer Biogasanlage sind sowohl aus ökologischen als auch aus ökonomischen Gründen interessant.

1.1 Energiepolitischer Rahmen

Biogasanlagen verarbeiten nachwachsende Rohstoffe oder organische Reststoffe und erzeugen daraus Biogas, das zur Umwandlung in elektrische Energie und Wärme genutzt werden kann. Sie sind also ein Baustein im Erneuerbare-Energien-Mix, der notwendig ist, um die weltweiten, europaweiten und deutschen Klimaziele zu erreichen.

Die deutsche Bundesregierung hat beschlossen, dass Deutschland bis zum Jahr 2020 seine Treibhausemissionen um 40 % (bezogen auf das Basisjahr 1990) reduzieren wird, wenn die EU-Staaten einer Reduzierung der europäischen Emissionen um 30 % im gleichen Zeitraum zustimmen (BMU 2012).

Der Ausbau der erneuerbaren Energien ist ein wichtiger Baustein auf diesem Weg.

Um das Ziel zu erreichen, trat bereits im Jahr 2000 das Gesetz für den Vorrang erneuerbarer Energien (EEG) in seiner ersten Fassung in Kraft.

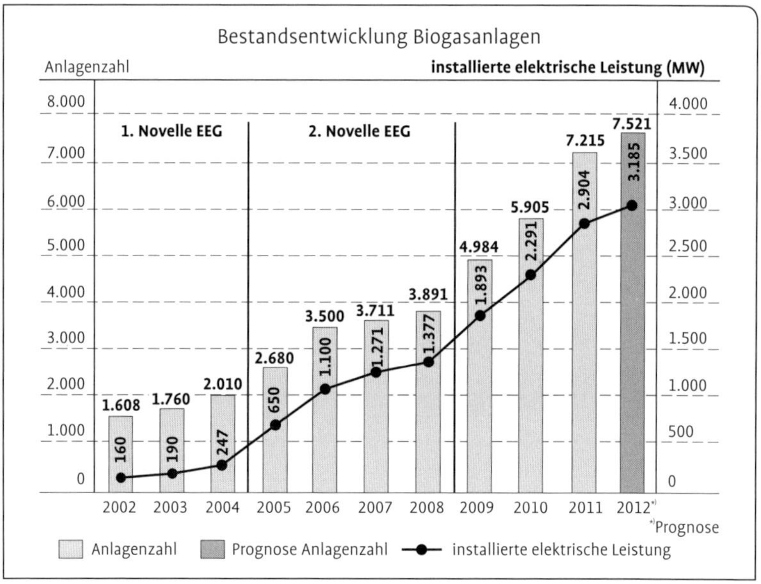

Abb. 1 Entwicklung der Anzahl und der installierten elektrischen Leistung der Biogasanlagen in Deutschland (FNR 2012)

Nach dem EEG in der ab 1. Januar 2012 geltenden Fassung (EEG 2012) soll mit diesem Gesetz der Anteil erneuerbarer Energien am gesamten Bruttoendenergieverbrauch bis 2020 auf mindestens 18 % erhöht werden. Aktuell liegt er bei 12,2 % (DBFZ 2012).

Dementsprechend sieht das EEG 2012 auch eine Förderung der Stromerzeugung aus Biomasse, sprich der Nutzung von Biogas, vor.

Betreiber von Biogasanlagen erhalten somit für das Inbetriebnahmejahr sowie die 20 folgenden Jahre eine feste Vergütung, die den Betrieb der Biogasanlagen auch ökonomisch interessant machen soll.

Durch die Wirkung des EEG seit 2000 ist die Anzahl der Biogasanlagen in Deutschland bis Ende 2011 auf inzwischen etwa 7 200 Anlagen mit einer installierten Leistung von 3 500 MW_{el} gestiegen (FNR 2012). Dabei lag die durchschnittliche Anlagenleistung bei 396 kW_{el} (DBFZ 2012).

Der jährliche Zubau war in den letzten Jahren mit 1 000 Anlagen im Jahr 2010 und 1 300 Anlagen in 2011 deutlich höher als in den Jahren davor. Der Anlagenzubau erfolgte mit über 45 % vor allem in der Leistungsklasse 250–499 kW_{el}.

Neben diesen Biogasverstromungsanlagen waren Ende 2011 auch 83 Biogasaufbereitungs- und Einspeiseanlagen zur Einspeisung von Biomethan in das Erdgasnetz in Betrieb. Die jährliche Einspeisekapazität liegt bei ca. 460 Millionen Nm^3/a, was grob überschlagen weitere ca. 220 MW_{el}l bedeutet (DBFZ 2012).

Damit werden durch die Biogasanlagen ca. 7,2 % der gesamten installierten Leistungsäquivalenz in Deutschland gestellt (DBFZ 2012).

1.2 Stand der Biogaserzeugung in Deutschland

Zur weiteren Beschreibung der bestehenden Biogasanlagen hat das Deutsche Biomasseforschungszentrum (DBFZ) mit Sitz in Leipzig 729 Fragebögen einer Anlagenbefragung ausgewertet (DBFZ 2012). Aufgrund dieser Befragung ergab sich ein massebezogener Substrateinsatz (Frischmasse) von

- 49 % nachwachsenden Rohstoffen
- 43 % Exkremente
- 7 % Bioabfall
- 1 % industrielle und landwirtschaftliche Reststoffe

Dies zeigt, dass die meisten Biogasanlagen mit nachwachsenden Rohstoffen und Gülle betrieben werden. Der Einsatz von Abfällen ist dagegen von der Masse her unbedeutend.

Auffallend ist dabei, dass bei Anlagen bis 70 kW_{el} der Wirtschaftsdüngereinsatz mit 79 % besonders hoch ist, zwischen 71 und 500 kW_{el} liegt er um die 50 % und bei Anlagen über 1 000 kW_{el} bei nur noch ca. 20 %. In der letztgenannten Klasse liegt der Bioabfallanteil bei 17 %, in den Klassen darunter nur im einstelligen Prozentbereich.

Bei den Einzelstoffen liegt Mais mit knapp 40 Gewichts-% an erster Stelle, gefolgt von Rindergülle mit ca. 31 % und Bioabfall mit ca. 7 %.

Bei den Biogasanlagen mit Gasaufbereitung und -einspeisung in das Erdgasnetz, die üblicherweise im Bereich der hohen Leistungsklassen vorzufinden sind, ist Maissilage mit fast 73 % der wichtigste Einsatzstoff, gefolgt von Grassilage und Getreide-GPS mit jeweils einem Anteil von ca. 7 % an der eingesetzten Gesamtmasse.

Diese Verteilung kann als Folge der Gesetzgebung interpretiert werden: Mit dem EEG 2004 erfolgte eine strikte Trennung von NawaRo-Biogasanlagen und Bioabfallvergärungsanlagen, mit dem EEG 2009 eine Förderung des Einsatzes von Wirtschaftsdünger. Zukünftig ist, bedingt durch die Vorgaben des EEG 2012, mit einer Zunahme des Einsatzes von Grassilage und Getreide-GPS sowie von Abfällen zu rechnen.

Das Bio- und Grünabfallaufkommen beträgt in Deutschland ca. 9 Mio t/a (Kern, M., Sprick, W. 2011). Die Autoren schätzen dabei, dass durch eine optimierte Sammlung und durch die Einführung der getrennten Erfassung organischer Abfälle, wie sie mit dem neuen KrwG spätestens 2015 geboten ist, ein zusätzliches Potential von ca. 1–2 Mio t/a organischer Abfälle zur Verfügung steht.

Vor diesem Hintergrund sollten die Erwartungen bzw. Forderungen einiger Interessensgruppen, in Biogasanlagen Abfälle statt Nachwachsender Rohstoffe zu vergären, sehr kritisch hinterfragt werden.

Hinsichtlich der Technik überwiegen nach der Umfrage des DBFZ bei den dort hauptsächlich erfassten NawaRo-Anlagen ganz eindeutig Verfahren der Nassfermentation mit 92 %. Trockenfermentationsverfahren folgen mit 6 %, Garagenverfahren (= Feststoffvergärung) liegen bei 2 %. Dabei wurden 57 % der Anlagen zwei- oder mehrstufig und 43 % einstufig betrieben.

Auch bei den Abfallvergärungsanlagen gab es nach Untersuchungen von Kern, M. und Sprick, W. (2011) seit 1995 eine kontinuierliche Zunahme von unter zehn auf heute ca. 100 Stück. Dabei verarbeiten 48 % der Anlagen mehr als 50 % Bioabfälle, 20 % der Anlagen mehr als 50 % tierische Nebenprodukte und 17 % der Anlagen mehr als 50 % Gülle. Gülle-Kovergärungsanlagen befinden sich hauptsächlich in Brandenburg und Mecklenburg-Vorpommern, wobei der Gülleanteil in Brandenburg z. B. 65–80 % beträgt.

Von den ca. 100 Abfallvergärungsanlagen können ca. 20 jeweils der Feststoffvergärung in Garagen und der Trockenfermentation (Pfropfenstromverfahren) zugeordnet werden. Auf die Nassvergärung entfallen mehr als 40 Anlagen. Während die Trocken- und Feststoffvergärungsanlagen fast ausschließlich zur Verarbeitung von Bio- und Grünabfällen genutzt werden, werden die Nassvergärungsanlagen zu mehr als 20 % für hauptsächlich tierische Nebenprodukte und zu knapp 15 % überwiegend zur Bio- und Grüngutvergärung eingesetzt.

Die klassische NawaRo-Biogasanlage ist also die zweistufige Nassvergärungsanlage zwischen 250 und 500 kW_{el}. Bei Abfallvergärungsanlagen überwiegt ebenfalls die Nassvergärung. Inputmaterialbedingt haben hier aber auch die Trocken- und die Feststoffvergärung eine Bedeutung.

Mit dem EEG 2012 wird die Abfallvergärung in Deutschland zunehmen. Die Neufassung des Gesetzes lässt zum einen die gemeinsame Vergärung von nachwachsenden Rohstoffen und Abfällen zu. Zum anderen sieht es nach § 27a für Anlagen, die mindestens 90 Gewichts-% Bioabfälle aus Haushalten, Grüngut und Marktabfälle einsetzen, eine erhöhte Vergütung für Strom vor. Momentan ist vor allem zu beobachten, dass Interesse besteht, Kompostierungsanlagen um eine Vergärungsstufe als sogenannte Vorschaltanlage zu erweitern. Da aber das verwertbare Abfallpotential begrenzt ist, kann man wohl nicht davon ausgehen, dass die Abfallvergärung einen auch nur annähernd so starken Boom erleben wird und wesentlich zur Energieversorgung beitragen kann wie die NawaRo-Biogasanlagen in den letzten Jahren.

Auch für NawaRo-Anlagen wurden mit dem EEG 2012 (siehe dazu die Ausführungen in Kapitel 2) die Weichen entscheidend neu gestellt. Dies wird dazu führen, dass

- kleine Güllevergärungsanlagen mit mindestens 80 % Gülleanteil und max. 75 kW_{el} Leistung interessanter werden
- größere Anlagen für die Mitvergärung von Gülle weniger interessant werden
- Anlagen mit 750 kW_{el} und mehr an Bedeutung verlieren werden
- Biogasanlagen, die das Biogas zu Biomethan aufbereiten und in das Erdgasnetz einspeisen zunehmen werden
- Mais als Inputstoff zugunsten von Gras und GPS an Bedeutung verlieren wird
- Mischanlagen zur Vergärung von nachwachsenden Rohstoffen und Abfällen zunehmen werden.

2 Das EEG 2012 – Einführung aus rechtlicher Sicht

DR. HELMUT LOIBL

2.1 Einführung

Das EEG ist erstmals im Jahr 2000 in Kraft getreten und hat damals das Stromeinspeisungsgesetz abgelöst. Es wurde 2004, 2008 und nunmehr mit Wirkung ab 01.01.2012 teilweise grundlegend überarbeitet. Derzeit hängt die Beantwortung der Frage, welches EEG auf welche Anlage anwendbar ist, von der Inbetriebnahme derselben ab:

Das EEG 2012 gilt für Biogasanlagen, die seit 01.01.2012 neu in Betrieb genommen wurden. Die Inbetriebnahme wird hierbei als erstmalige Inbetriebsetzung des Generators der Anlage nach Herstellung der technischen Betriebsbereitschaft der Anlage definiert, unabhängig davon, ob der Generator mit Erneuerbaren Energien oder sonstigen Energieträgern in Betrieb gesetzt wurde. Für derartige Anlagen gelten die gesamten Regelungen des EEG 2012. Hat hingegen eine Biogasanlage bereits vor dem 01.01.2012 eine Inbetriebnahme durchgeführt, gelten insoweit nicht die Regelungen des EEG 2012, sondern weiterhin diejenigen des EEG 2009. Lediglich in den Übergangsvorschriften des § 66 EEG 2012 finden sich vereinzelt Regelungen, die auch Bestandsanlagen beachten müssen.

Hier vorliegend sei nur auf Neuanlagen nach dem EEG 2012 eingegangen. Sofern Bestandsanlagen mit einem Inbetriebnahmejahr vor 2012 umgebaut, erweitert oder ansonsten umgestaltet werden sollen, ist auf die weiterführende Literatur zu verweisen (z. B. LOIBL, MASLATON, von BREDOW, WALTER: Biogasanlagen im EEG, 3. Auflage 2012).

2.2 Biogasanlagen nach § 27 EEG

Die Vergütung und deren Voraussetzungen sind grundsätzlich in § 27 EEG geregelt, Sonderregelungen finden sich in § 27a für die Vergärung von bestimmten Bioabfällen und § 27b EEG für die Vergärung von bestimmter Gülle. Alle anderen Biogasanlagen fallen unter die hier näher untersuchte Regelung des § 27 EEG.

2.2.1 Vergütungshöhe

Grundsätzlich gewährt das EEG für die Dauer von 20 Kalenderjahren zuzüglich dem Jahr der Inbetriebnahme eine immer gleiche Mindestvergütung. Die Höhe der Mindestvergütung hängt vom Inbetriebnahmejahr ab, die nachfolgend dargestellten und im Gesetz zu lesenden Vergütungssätze betreffen das Inbetriebnahmejahr 2012. Für jedes Kalenderjahr, das eine Anlage später in Betrieb geht, senkt sich ein Großteil der Vergütung nach § 20 Abs. 2 Nr. 5 um jeweils 2 % ab.

Die Vergütung des § 27 EEG ist gestaffelt in eine sogenannte Grundvergütung, die von der konkreten Leistung abhängt: Je geringer die Leistung, umso höher der Vergütungssatz. Hierbei kommt es nicht auf die installierte Leistung an, sondern auf die tatsächliche Jahresleistung. Bis zu einer Leistung von 150 kW beträgt die Grundvergütung 14,3 ct/kWh, bis 500 kW 12,3 ct/kWh, bis 5 MW 11 ct/kWh und bis 20 MW 6 ct/kWh.

Zuzüglich zu dieser Grundvergütung kann der Anlagenbetreiber für bestimmte Einsatzstoffe eine Zusatzvergütung geltend machen. Das Gesetz unterscheidet hier zwischen Einsatzstoffen der Einsatzstoffvergütungsklasse I und II.

Die Einteilung der Einsatzstoffe erfolgt nicht im EEG, sondern in der Biomasseverordnung und dort in den Anlagen. In Anlage 2 zur Biomasseverordnung sind die Einsatzstoffe der Einsatzstoffvergütungsklasse I enthalten. Vereinfacht dargestellt handelt es sich letztlich um alle zielgerichtet für den Einsatz in der Biogasanlage angebauten Feldfrüchte wie etwa Mais, Gras oder CCM. In Anlage 3 zur Biomasseverordnung finden sich die Einsatzstoffe der Einsatzstoffvergütungsklasse II. Dort ist insbesondere Landschaftspflegematerial und der Festmist bzw. die Gülle von bestimmten Tieren enthalten (Geflügel, Rinder, Schweine, Schafe, Ziegen).

Die Zusatzvergütung der Einsatzstoffvergütungsklasse I beträgt 6 ct/kWh bis 500 kW, 5 ct/kWh bis 750 kW und 4 ct/kWh bis 5 MW.

Die Zusatzvergütung der Einsatzstoffvergütungsklasse II beträgt bis einschließlich 500 kW 8ct und bis einschließlich 5MW 6 ct/kWh, soweit Gülle im Sinn der Anlage 3 eingesetzt wird. Anderenfalls beträgt die Zusatzvergütung durchgängig bis 5 MW 8 ct/kWh.

Die Zusatzvergütung wird hierbei nicht nach den eingesetzten Tonnen, sondern nach sogenannten Standardbiogaserträgen ermittelt, die in Anlage 2 bzw. Anlage 3 zur Biomasseverordnung festgeschrieben ist. So beträgt beispielsweise der Methanertrag für Mais als Ganzpflanze 106 m^3 pro t Frischmasse, derjenige von Rindergülle hingegen nur 17 m^3.

Sofern also beispielsweise im Kalenderjahr 2012 eine neue Biogasanlage mit 150 kW tatsächlicher Leistung und ausschließlich Mais, CCM und Zuckerrüben betrieben wird, erhält diese Anlage durchgängig eine Vergütung in Höhe von 20,3 ct/kWh (Grundvergütung bis 150 kW: 14,3 ct/kWh; 100 % der Einsatzstoffe aus Einsatzstoffvergütungsklasse I mit 6 ct/kWh bis 500 kW).

2.2.2 Voraussetzungen

Das EEG 2012 hat gegenüber den Vorgängerregelungen die Vergütung von einer Vielzahl strikter Voraussetzungen abhängig gemacht. Im Einzelnen:

Mindestwärmenutzung/Mindestgülleeinsatz

Eine Vergütung kann nur noch beanspruchen, wer in seiner Anlage mindestens 60 % des im jeweiligen Kalenderjahr erzeugten Stroms in Kraft-Wärme-Kopplung im Sinn der Anlage 2 zum Gesetz erzeugt. Als positive Wärmenutzung in diesem Sinne zählt insbesondere die Gebäudebeheizung mit einer Obergrenze von 200 kWh pro m^2 Nutzfläche. Darüber hinaus zählen hierzu auch die Einspeisung in ein Fernwärmenetz unter bestimmten Voraussetzungen (keine Verluste über 25 % des Nutzwärmebedarfs der Wärmekunden), die Holztrocknung zur stofflichen und energetischen Verwertung (maximal 0,9 kWh je kg Holz), die Beheizung bestimmter Tierställe (nur Schweine und Geflügel mit Obergrenzen je Tier), die Hygienisierung oder Pasteurisierung von Gärresten, die Aufbereitung von Gärresten zum Zwecke der Düngemittelherstellung oder die Nutzung der Abwärme aus Biomasseanlagen zur Stromerzeugung. Sofern eine dieser positiv deklarierten Wärmenutzungen vorliegt, oder über einen Umweltgutachter nachgewiesen wird, dass fossile Energie ersetzt wird, reicht es aus, wenn 60 % der auskoppelbaren Wärme faktisch genutzt werden. Sofern die Biogasanlage ihren eigenen Fermenter beheizt, dürfen insoweit 25 Prozentpunkte als Positivnutzung abgezogen werden. Eine Erleichterung enthält das Gesetz zudem für das Inbetriebnahmejahr sowie für das erste Folgejahr. Hier müssen statt der 60 % nur 25 % der auskoppelbaren Wärme sinnvoll genutzt werden.

Wer hingegen statt der Wärmenutzung auf einen 60-prozentigen Gülleeinsatz abzielt, hat zu beachten, dass es hier – anders als bei den Einsatzstoffvergütungsklassen – nicht um den Energiegehalt, sondern um die eingesetzten Tonnen an Gülle geht. Anders als bei den Einsatzstoffvergütungsklassen zählen nicht nur bestimmte Güllearten hierzu. Hier gilt die Definition der Gülle in § 3 Nr. 4b EEG, welche auf die EEG-Hygieneverordnung abzielt; letztlich fällt hierunter insbesondere die Gülle sämtlicher Nutztiere.

Wer weder die 60-prozentige Wärmenutzung, noch den 60-prozentigen Güllenachweis bringen kann, wird streng sanktioniert: § 27 Abs. 7 EEG erklärt, dass sich in diesem Fall der jährliche Vergütungsanspruch insgesamt auf den tatsächlichen Monatsmittelwert der Stundenkontrakte am Spotmarkt der Strombörse EPEX Spot SE in Leipzig reduziert. Dieser beträgt erfahrungsgemäß zwischen 3,0 und 5,5 ct/kWh, es handelt sich um eine massive Sanktion.

Maisdeckel

Weiterhin fordert § 27 Abs. 5 Nr. 1 EEG, dass in jedem Kalenderjahr insgesamt höchstens 60 Masseprozent aus Mais als Ganzpflanze, Getreidekorn einschließlich CCM und Körnermais sowie Lieschkolbenschrot eingesetzt werden darf (sogenannter Maisdeckel). Wer diese 60 Masseprozent überschreitet wird ebenso nach § 27 Abs. 7 EEG sanktioniert wie derjenige, der die Mindestwärmenutzung oder den Mindestgülleeinsatz nicht nachweisen kann: Die Gesamtvergütungen des entsprechenden Kalenderjahres werden auf den sogenannten Spotmarktwert reduziert.

Nachweise

§ 27 Abs. 6 EEG fordert vom Anlagenbetreiber eine Vielzahl von Nachweisen: Zunächst muss durch einen zugelassenen Umweltgutachter eine Aufteilung der Vergütung nach den Einsatzstoffvergütungsklassen erfolgen. Weiterhin muss ebenfalls durch den Umweltgutachter nachgewiesen werden, dass die Vorgaben zur Mindestwärmenutzung oder wenigstens der Mindestgülleeinsatz erbracht sind. Der Nachweis der Einhaltung des sogenannten Maisdeckels erfolgt durch die Vorlage einer Kopie des Einsatzstofftagebuchs.

Wichtig ist hierbei, dass sowohl die Umweltgutachten als auch die Kopie des Einsatzstofftagebuchs zwingend bis zum 28.02. des Folgejahres vorgelegt werden müssen (vgl. § 46 Nr. 3 EEG).

Zu beachten ist weiterhin, dass bei der erstmaligen Inanspruchnahme des Vergütungsanspruchs ebenfalls schon ein Gutachten eines Umweltgutachters vorzulegen ist, in dem die Eignung der Anlage zur Erfüllung der vorgenannten Voraussetzungen nachgewiesen wird. Es ist daher jedem Anlagenbetreiber anzuraten, zeitlich bereits weit vor der tatsächlichen Inbetriebnahme der Anlage Kontakt mit einem Umweltgutachter aufzunehmen.

2.3 Sonderregelung: Vergärung von Bioabfällen (§ 27a)

§ 27a EEG enthält eine Sonderregelung für Anlagen, die bestimmte Bioabfälle einsetzen.

Insoweit beträgt die Vergütung bis 500 kW 16 ct/kWh und ab 500 kW bis 20 MW 14 ct/kWh. Derartige Bioabfallanlagen müssen keine Mindestwärmenutzung nachweisen, allerdings besteht der Vergütungsanspruch nur, wenn die Einrichtung zur anaeroben Vergärung der Bioabfälle unmittelbar mit einer Einrichtung zur Nachrotte der festen Gärrestrückstände verbunden ist und die nachgerotteten Gärrückstände stofflich verwertet werden (§ 27a Abs. 3 EEG).

Unter § 27a EEG fallen jedoch nur solche Anlagen, die im Jahresschnitt mindestens 90 % Bioabfälle aus drei Abfallschlüsselnummern einsetzen. Hierbei handelt es sich um folgende Abfallschlüsselnummern:

- **200201** biologisch abbaubare Abfälle:
  Garten- und Parkabfälle, Landschaftspflegeabfälle, Gehölzrodungsrückstände, pflanzliche Bestandteile des Treibsel
- **200301** gemischte Siedlungsabfälle:
  von Hausmüll getrennte Bioabfälle (Biotonne)
- **200302** Marktabfälle

Wer aus diesen drei Abfallschlüsselnummern im Kalenderjahr mindestens 90 Masseprozent in der Biogasanlage einsetzt, erhält die vorgenannte Vergütung. Wer dies nicht schafft, fällt unter die Regelung des § 27 EEG mit den dortigen Nachweispflichten bezüglich der Wärmenutzung.

2.4 Sonderregelung Gülleanlage (§ 27b EEG)

Für sogenannte kleine Gülleanlagen enthält § 27b eine Sonderregelung, nach der die Vergütung 25 ct/kWh beträgt. Allerdings sind hierfür drei Voraussetzungen zu erfüllen: Zum einen muss die Stromerzeugung direkt am Standort der Biogaserzeugungsanlage selbst erfolgen, ein Satelliten-BHKW oder Biomethan-BHKW ist also nicht möglich. Zudem darf die am Standort der Biogaserzeugungsanlage installierte Leistung insgesamt höchstens 75 kW betragen. Darüber hinaus ist es erforderlich, dass im Kalenderjahr durchschnittlich 80 Masseprozent aus bestimmter Gülle eingesetzt wird; es handelt sich hierbei um Pferdemist, Rinder-/Schweinegülle bzw. Festmist, Schafs-/Ziegenmist. Geflügelmist fällt ausdrücklich nicht hierunter. Freilich kann Geflügelmist gleichwohl eingesetzt werden, allerdings müssen eben 80 Masseprozent aus den genannten Güllearten stammen, was für die übrigen 20 Masseprozent als Einsatzstoffe gewählt wird, obliegt grundsätzlich der freien Entscheidung des Anlagenbetreibers. Zu beachten ist hierbei jedoch, dass der Anlagenbetreiber über eine entsprechende öffentlich-rechtliche Genehmigung verfügen muss. Wer also beispielsweise Fettabscheider oder Ähnliches einsetzen möchte, braucht eine entsprechende öffentlich-rechtliche Genehmigung für derartige Einsatzstoffe.

2.5 Sonstige Pflichten

Biogasanlagen haben zur Erlangung einer EEG-Vergütung einige technische Vorgaben einzuhalten.

Zum einen fällt hierunter die Teilnahme am sogenannten Einspeisemanagement: Alle Anlagen mit mehr als 100 kW installierter Leistung müssen mit technischen Einrichtungen ausgestattet sein, mit denen der Netzbetreiber jederzeit die Einspeiseleistung bei Netzüberlastung ferngesteuert reduzieren und die jeweilige Ist-Einspeisung abrufen kann (§ 6 Abs. 1 EEG). Solange der Anlagenbetreiber über eine derartige Einrichtung nicht verfügt, verringert sich nach § 17 Abs. 1 EEG sein Vergütungsanspruch auf Null.

Zu beachten ist weiterhin nach § 6 Abs. 4 EEG, dass Betreiber von Biogasanlagen sicherstellen müssen, „dass bei der Erzeugung des Biogases

- ein neu zu errichtendes Gärrestlager am Standort der Biogaserzeugung technisch gasdicht abgedeckt ist und die hydraulische Verweilzeit im gasdichten und an eine Gasverwertung angeschlossenen System mindestens 150 Tage beträgt und
- zusätzliche Gasverbrauchseinrichtungen zur Vermeidung einer Freisetzung von Biogas verwendet werden.“

Wer also eine neue Biogasanlage errichtet, muss in jedem Fall sämtliche Endlager an der Biogasanlage abdecken, zudem die 150 Tage Verweilzeit im geschlossenen System (einschließlich der Fermenter) nachweisen. Als Gasverbrauchseinrichtung kommt bei Anlagen unter 100 kW ein Ersatz-BHKW in Betracht. Über 100 kW ist dies kritisch, da nach § 6 Abs. 1 EEG durch die Teilnahme am Einspeisemanagement jederzeit mit einer Leistungsreduzierung gerechnet werden muss. Hier würde dann das Ersatz-BHKW nicht weiterhelfen. Im Übrigen kommen regelmäßig als zusätzliche Gasverbrauchseinrichtung sowohl eine Gasfackel als auch ein Gasbrenner (falls die Wärme sinnvoll genutzt werden kann) in Betracht.

Wer gegen diese Vorgabe verstößt, verliert ebenfalls seinen Vergütungsanspruch komplett (§ 17 Abs. 1 EEG).

Eine technisch gasdichte Abdeckung der Endlager ist nicht erforderlich, wenn ausschließlich Gülle im Sinn des § 2 Satz 1 Nr. 4 des Düngegesetzes eingesetzt wird. Hierunter fällt Wirtschaftsdünger aus tierischen Ausscheidungen, auch mit geringen Mengen Einstreu- oder Futterresten oder Zugabe von Wasser, dessen Trockensubstanzgehalt 15 von 100 nicht übersteigt. Wichtig ist, dass kein Festmist zugegeben werden darf. Gerade für die Gülleanlage des § 27b bietet sich ein 100-prozentiger Gülleeinsatz im oben genannten Sinn an, um die Endlager letztendlich offenlassen zu können.

2.6 Sonstiges

2.6.1 Zünd und Stützfeuerung

Pflanzenölmethylester gilt in dem Umfang, wie er zu Anfahr-, Zünd- und Stützfeuerung notwendig ist, als Biomasse; dies ist sowohl im § 27 Abs. 1 als auch durch entsprechende Verweise in den Regelungen der §§ 27a und b EEG festgeschrieben. Das bedeutet, dass sowohl Biodiesel als auch Pflanzenöl als Zünd- und Stützfeuerung eingesetzt werden dürfen. Eine fossile Zünd- und Stützfeuerung ist nur in Anlagen denkbar, die vor Ende 2006 in Betrieb gegangen sind. Wer gleichwohl fossile Energie als Zünd- und Stützfeuerung einsetzt, verliert seine komplette Vergütung für die entsprechende Zeit. Zu beachten ist, dass ein Zündstrahl nur im jeweils notwendigen Umfang zulässig ist, es gibt also weder eine 10 %-Grenze, wie teilweise in der Literatur vertreten wird, noch sonstige Grenzen. Es kommt allein auf die technische Notwendigkeit an.

2.6.2 750 kW-Grenze

Anlagen, die mehr als 750 kW installierte Leistung haben und nach dem 31.12.2013 in Betrieb genommen werden, erhalten keine Mindestvergütung mehr. Derartige große Anlagen werden vielmehr in den Bereich der Direktvermarktung gedrängt.

2.7 Direktvermarktung

Die Regelungen der §§ 33a ff. ermöglichen sowohl Bestandsanlagen als auch Neuanlagen nach dem EEG 2012 mehrere Formen der Direktvermarktung. Für Biogasanlagen wird insbesondere die Direktvermarktung zum Zwecke der Inanspruchnahme der Marktprämie (§ 33b Nr. 1 EEG) in Kombination mit der Inanspruchnahme der Flexibilitätsprämie nach § 33i EEG interessant:

Im Falle der Direktvermarktung kann der Anlagenbetreiber seinen Strom direkt an einen Stromhändler oder einen Dritten verkaufen und erhält hierfür den vereinbarten Verkaufspreis. Zudem erhält er vom Netzbetreiber – selbstverständlich nur, wenn er die entsprechenden Voraussetzungen des EEG jeweils einhält – zum einen eine Marktprämie, zum anderen – für den Fall einer flexiblen Stromeinspeisung – die Flexibilitätsprämie. Im Ergebnis kann er damit eine höhere Vergütung erzielen als nach der EEG-Festpreisvergütung.

Die Höhe der Marktprämie bestimmt sich – stark vereinfacht dargestellt – zunächst am Orientierungspunkt der normalen EEG-Festpreisvergütung. Da die Direktvermarktung grundsätzlich bezogen auf jeweils einen Kalendermonat erfolgt, stellt sich also die Frage, welche Durchschnittsvergütung die Anlage nach der EEG-Festpreisvergütung erlangt hätte. Sofern also beispielsweise die oben bereits angeführte 150 kW-Anlage mit Inbetriebnahmejahr 2012, die nur Einsatzstoffe in der Einsatzstoffvergütungsklasse I einsetzt, herangezogen wird, ist von einer Durchschnittsvergütung in Höhe von 20,3 Cent pro kWh auszugehen.

Die Marktprämie errechnet sich, wenn man von diesen durchschnittlichen EEG-Vergütungen den sogenannten Marktwert, also den jeweiligen tatsächlichen Monatsmittelwert der Stundenkontrakte am Spotmarkt der Strombörse EPEX Spot SE in Leipzig abzieht. Dieser wird jeden Monat veröffentlicht und kann damit ohne weiteres eingesehen bzw. ermittelt werden. Hinzu kommt noch die sogenannte Managementprämie, deren Höhe vom jeweiligen Kalenderjahr abhängt. Im Jahr 2012 betrug sie 0,3 Cent pro kWh, für 2013 sind 0,275 Cent pro kWh vorgesehen und 2014 wird die Managementprämien auf 0,25 Cent pro kWh festgesetzt. Wenn man beim obigen Beispiel also von einer durchschnittlichen EEG-Vergütung von 20,3 Cent pro kWh ausgeht, einen Marktwert von 5,0 Cent annimmt und die Managementprämie im Kalenderjahr 2012 0,3 Cent pro kWh beträgt, errechnet sich die Marktprämie also in Höhe von (20,3–5 + 0,3 =) 15,60 Cent pro kWh. Diesen Betrag kann der Anlagenbetreiber also – neben seinen Verkaufserlösen – direkt vom Netzbetreiber fordern.

Die Flexibilitätsprämie bestimmt sich nach einer etwas komplizierteren Formel und ist insbesondere – stark vereinfacht dargestellt – dann interessant, wenn ein großer Unterschied zwischen der installierten elektrischen Leistung und der tatsächlichen Jahresleistung besteht.

Ein Beispiel: Beträgt die installierte Leistung 500 kW, die tatsächliche Leistung aber nur 300 kW, errechnet sich hieraus eine Flexibilitätsprämie in Höhe von 0,84 Cent pro kWh.

Im Einzelnen sind die Regelungen zur Direktvermarktung im EEG 2012 äußerst kompliziert, eine detaillierte Darstellung würde den Rahmen der hier vorliegenden Einführung sprengen. Auch hier wird wieder auf die weiterführende Literatur verwiesen.

Anzumerken bleibt jedoch, dass insbesondere der Stromverkaufsvertrag mit einem Direktvermarkter, Stromhändler oder Dritten dringend einer fachjuristischen Überprüfung bedarf. Zu beachten ist, dass die EEG-Vergütung auf der Grundlage eines gesetzlichen Schuldverhältnisses gegen einen Netzbetreiber gewährt wird, der sein Geld wiederum vom Übertragungsnetzbetreiber und dieser letztlich vom Stromkunden erhält. Das Insolvenzrisiko ist beim EEG-System demzufolge eher gering.

Bei der Direktvermarktung wird zumindest ein Teil dieses Anspruches auf einen Stromhändler, Direktvermarkter oder Dritten verlagert, der meist nur über eine beschränkte Haftung verfügt (in der Regel: GmbH). Das bedeutet, dass der eigene Zahlungsanspruch abgesichert werden muss, in der Regel sollte hier eine mindestens dreimonatige Bürgschaft vorliegen. Auch ist zu beachten, dass kein jederzeitiger Ein- und Ausstieg aus der Direktvermarktung möglich ist. Dies ist stets nur zum Beginn des jeweils übernächsten Monats denkbar. Vor einer Ummeldung in die Direktvermarktung sollte also in jedem Fall eine entsprechende Bürgschaft oder ähnliche Sicherheit vorliegen. Zudem muss der Vertrag so gestaltet sein, dass vor allem der Anspruch auf die Marktprämie und Flexibilitätsprämie sicher ist; insoweit darf also weder eine Abtretung dieser Ansprüche, noch die Möglichkeit des Wechsels in eine andere Art der Direktvermarktung möglich sein.

Dies sind nur ein paar ausgewählte Beispiele, die zeigen sollen, dass dem Anlagenbetreiber dringend anzuraten ist, vor der Unterschrift den Vertrag fachkundig prüfen zu lassen.

Weitergehende Literaturempfehlung

Loibl, Maslaton, von Bredow, Walter: Biogasanlagen im EEG, 3. Auflage 2012

3 Wie funktionieren biologische Prozesse in Biogasanlagen?

DR. MARKUS HELM

3.1 Mikrobielle Grundlagen der Biogaserzeugung

Das Ziel von Biogasanlagen ist, organische Substanz unter anaeroben Bedingungen (d. h. ohne Sauerstoff) mikrobiell zu einem überwiegend methanhaltigen Gas (Biogas) abzubauen.

Bei diesem Prozess wird partikuläres organisches Substrat, das im Wesentlichen aus Eiweiß, Kohlenhydraten und Fett besteht, zunächst hydrolytisch in Aminosäuren, Zucker und Fettsäuren gespalten. Diese Zwischenprodukte werden weiter in organische Säuren, wie z. B. Propion- und Buttersäure, Alkohole, Wasserstoff, Kohlendioxid und Wasser umgewandelt.

Durch weitere biochemische Umsetzungen entstehen aus den genannten Stoffen hauptsächlich Essigsäure und Wasserstoff. Die Essigsäure wird durch methanbildende Organismen wie z. B. Methanococcus direkt zu Methan umgewandelt. Nach älteren Quellenangaben werden über diesen Weg ca. 70 % des gesamten Methans gebildet. Die übrigen 30 % entstehen aus der Synthese von Wasserstoff und CO_2.

Neuere Erkenntnisse legen den Schluss nahe, dass, je nach Inputstoffen, bis zu 100 % des Methans aus der Synthese von Wasserstoff und CO_2 gebildet werden können (s. Abb. 2).

Jede dieser vier Stufen wird von anderen Mikroorganismengruppen dominiert, die spezifische Anforderungen an die Milieubedingungen stellen.

Tab. 1 Generationszeiten verschiedener Mikroorganismen

Mikroorganismen	Generationszeit
Säurebildende Organismen	
Bacterioides	> 1 d
Clostridien	1,5 d
Acetogene Bakterien	3,5 d
Methanogene Bakterien	
Methanosacrina	5–15 d
Methanococcus	ca. 10 d

Die Mikroorganismen der einzelnen Stufen leben oft in Symbiose in enger räumlicher Nähe und bilden eine Art Flocken.

Bei mikrobiell schwerer abbaubaren Stoffen mit beispielsweise einem hohen Anteil Cellulose ist die erste Stufe (Hydrolyse) der zeitlich begrenzende Faktor für die Methanbildung.

Leicht abbaubare Stoffe wie Getreide und Fette werden dagegen schnell hydrolysiert und die Hydrolyseprodukte werden umgehend in organische Säuren umgewandelt. Begrenzend für die Methanbildung ist in diesem Fall die Umsetzung der Säuren zu Methan. Grund dafür sind die deutlich kürzeren Generationszeiten der säurebildenden gegenüber der methanbildenden Mikroorganismen (s. Tab. 1).

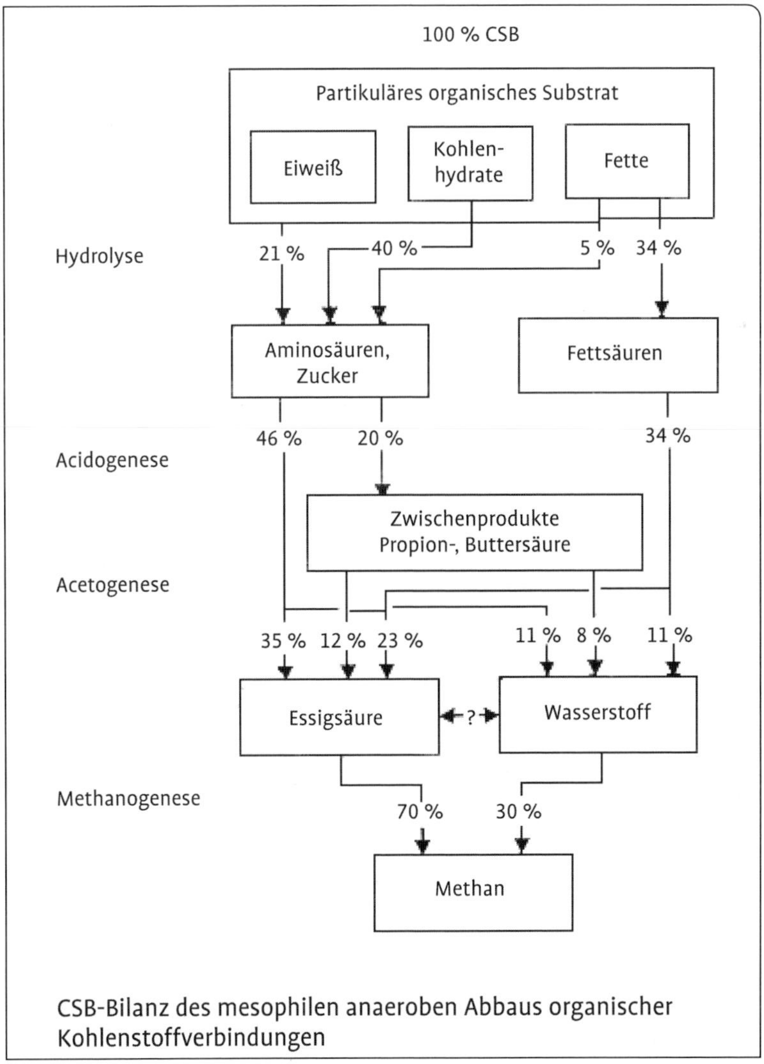

Abb. 2 Die vier Stufen des Biogasprozesses (nach GUJKER et al. 1983 in CHRIST, O. 1999)

Abb. 3 Energetisches Fenster für die Methanbildung (nach SCHERER 2001)

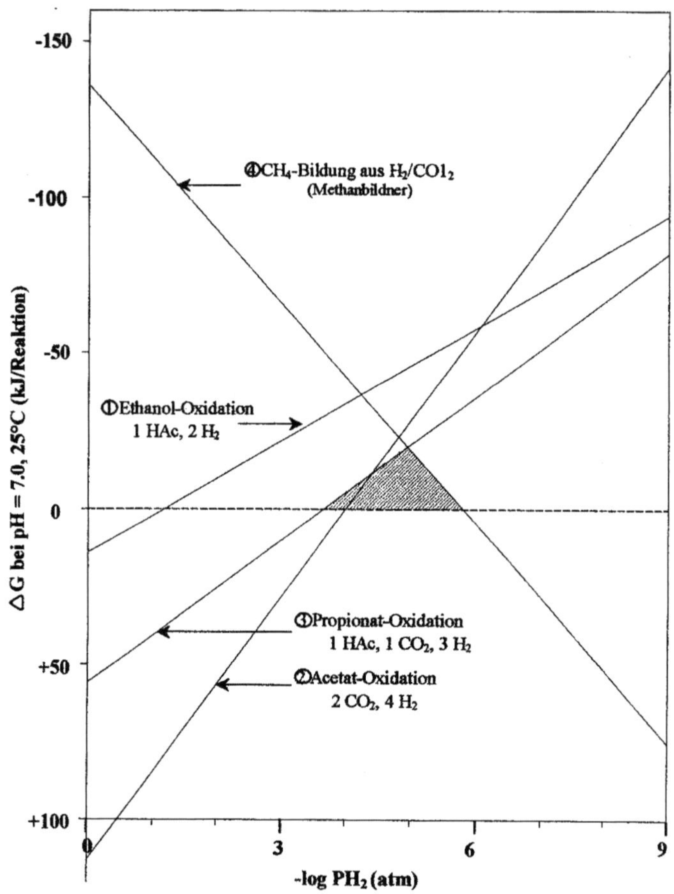

Auswirkung des Wasserstoffpartialdrucks pH_2 auf die Energetik der bakteriellen Umsetzung von Ethanol, Propionat und Acetat sowie der Methanbildung aus H_2/CO_2

Durch eine Anhäufung von organischen Säuren kann der Biogasprozess erheblich gestört werden bzw. zum Erliegen kommen.

Die Bildung von Methan aus Essigsäure einerseits und aus H_2 und CO_2 andererseits kann, in Abhängigkeit vom Wasserstoffpartialdruck, nur in einem sehr begrenzten energetischen Bereich stattfinden (s. Abb. 3), wenn die Reaktionsenthalpie negativ wird.

Bei zu geringem Wasserstoffpartialdruck fehlt den Mikroorganismen schlicht Wasserstoff zur Methansynthese. Bei zu hohem Wasserstoffpartialdruck hingegen wird die Oxidation zu H_2, CO_2 und Acetat gehemmt. Dabei ist zu berücksichtigen, dass bei der Oxidation von organischen

Säuren wie Buttersäure, Propionsäure und Acetat unterschiedliche Wasserstoffmengen freigesetzt und somit die Reaktionsbedingungen verändert werden. Daraus lassen sich z. B. Störungen der Methanproduktion bei zu hohen Propionsäurekonzentrationen erklären.

3.2 Organische Säuren im Fermenter

Obwohl Essigsäure (wie auch andere Carbonsäuren) wichtige Vorstufen für die Methanbildung darstellen, wirken sie bei zu hoher Konzentration hemmend für die Methanbildner. Die hemmende Wirkung geht dabei von der undissoziierten Form aus. Den Zusammenhang zwischen der Konzentration an undissoziierter Essigsäure und der Hemmung der Methanbildung beschrieben 1983 Duarte, A. C. und Anderson, G. K. (s. Abb. 4).

Kroiss, H. 1986 zeigte für die wichtigsten organischen Säuren den pH-abhängigen Zusammenhang zwischen dissoziierter und undissoziierter Form auf (s. Abb. 5).

Dabei ist bereits im niedrigen Konzentrationsbereich eine enorme Zunahme der Hemmung zu beobachten. Die Autoren stellen allerdings auch fest, dass die Toxizität der Essigsäure vom Oberflächen-/Volumenverhältnis im Reaktor abhängt: Es wird vermutet, dass die Methanbakterien durch bewachsene Oberflächen, z. B. an Füllkörpern, besser geschützt sind, als in Fermentern ohne Einbauten, wo die Methanbakterien sich in Flocken im Gärsubstrat ansiedeln. In diesem Zusammenhang besteht zudem die Gefahr, dass Beobachtungen über die Hemmung der Methanbildung durch Säuren, die in Laborversuchen mit minimalen Behältervolumina gewonnen wurden, auf große Fermenter mit anderen Besiedlungsstrukturen nicht übertragen werden können. Auch inerte Anteile der Inputstoffe wie z. B. gehäckseltes Holz oder

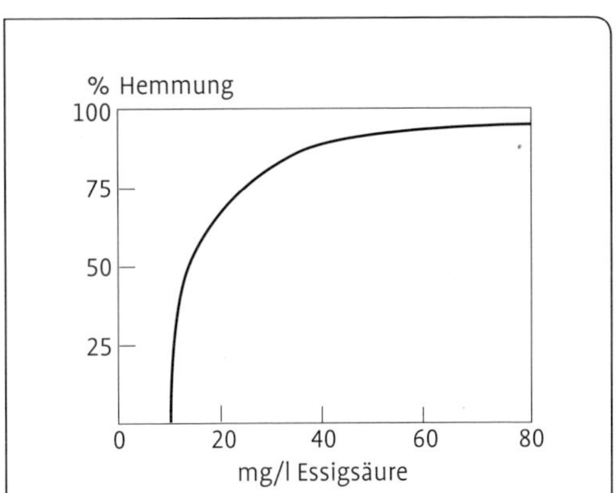

Abb. 4 Prozentuale Hemmung der Methanbildung in Abhängigkeit von der Konzentration an undissoziierter Essigsäure (Kroiss 1986)

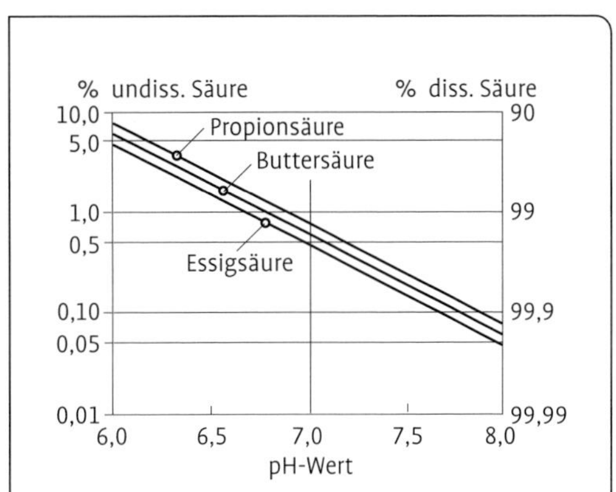

Abb. 5 Prozentualer Anteil der undissoziierten Säuren an den Gesamtsäuren in Abhängigkeit vom pH-Wert (Kroiss 1986)

Stroh bzw. noch nicht abgebaute nachwachsende Rohstoffe (NawaRo) wie Mais und Gras könnten in ähnlicher Weise als Besiedlungsflächen dienen.

Da die Messung der Konzentration undissoziierter Säuren analytisch schwierig ist, hat Kroiss, H. 1986 die Ergebnisse von Duarte, A. C. und Anderson, G. K. 1983 für undissoziierte Essigsäure auf die Konzentration der Gesamt-Essigsäure umgerechnet (s. Abb. 6).

Bei einem pH-Wert um den Neutralpunkt von pH 7 ist demnach bereits bei einer Gesamtessigsäurekonzentration von ca. 2 000 mg/l mit einer 10 %igen Hemmung der Methanbildung zu rechnen. Auch wenn Ergebnisse biochemischer Untersuchungen dazu fehlen, erscheint dieser Wert aus Erfahrungen mit Praxisanlagen als sehr niedrig. Hier zeigt sich oft auch mit einer Konzentration von 3 000 bis 5 000 mg/l (Gesamtsäure) noch keine augenscheinliche Hemmung. Werte über 5 000 mg/l und mehr geben bei Nassvergärungsverfahren dann allerdings Anlass zur Sorge, dass das Milieu kippt, der pH-Wert drastisch abfällt und der Biogasprozess zum Erliegen kommt. Bei der Trocken- oder Feststoffvergärung sind zum Teil noch deutlich höhere Konzentrationen unschädlich.

Welche Säurekonzentration toleriert werden kann, ist letztendlich auch eine Frage der Pufferkapazität im Fermenter. Eine hohe Pufferkapazität durch Carbonate, aber in vielen Fällen auch durch das NH_3/NH_4-Puffersystem, kann, wie Erfahrungen aus der Abfallvergärung zeigen, dazu führen, dass ein stabiler Biogasprozess auch mit deutlich höheren Säurekonzentrationen noch funktioniert. Bei gut gepufferten Systemen ist daher der pH-Wert als Indikator für den Säurestatus des Fermenters nur begrenzt aussagekräftig bzw. zu träge. Schneller ansprechende Indikatoren sind die CO_2- bzw. die CH_4-Konzentration. Eine kontinuierliche Abnahme der CH_4-Konzentration, verbunden mit einer symmetrischen Zunahme der CO_2-Konzentration, weisen auf Störungen der Prozessbio-

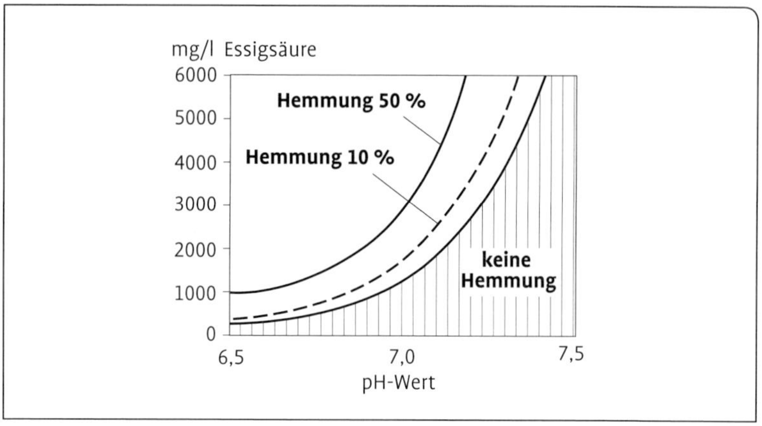

Abb. 6 Hemmung der Methanbildung in Abhängigkeit von pH-Wert und Gesamtessigsäurekonzentration (Kroiss 1986)

logie hin. In diesem Fall sollte der Fermenter beprobt und auf z. B. organische Säuren und den pH-Wert hin untersucht werden.

Der pH sollte idealerweise im Bereich des Neutralpunktes liegen. Inputmaterialspezifisch liegt er allerdings besonders bei Anlagen, die Gülle und/oder Geflügelmist verarbeiten, oft auch über acht, ohne dass Störungen der Prozessbiologie zu beobachten sind, wenn den Mikroorganismen eine entsprechend lange Adaptionsphase (mehrere Monate) gegeben wird. Eine aktive Regelung des pH-Wertes durch die Zugabe von Säuren und Laugen ist bei landwirtschaftlichen Biogasanlagen in der Regel nicht wirtschaftlich. Liegt der pH-Wert unter dem Neutralpunkt oder bewegt er sich kontinuierlich von oben auf den Neutralpunkt zu, ist in jedem Fall Vorsicht geboten, die Beschickung einzustellen und die Ursache zu suchen.

3.3 Raumbelastung

Allgemein ist der Grund für hohe Säurekonzentrationen und/oder einen pH-Wertabfall in der Beladung des Reaktors zu suchen. Werden dem Fermenter zuviel leicht vergärbare Stoffe wie Getreide oder Fett zugeführt, die schnell in Säuren umgesetzt werden, steigt die Säurekonzentration, da die Generationszeit der säureverarbeitenden Mikroorganismen (Methanbildner), wie oben dargestellt, sehr viel länger ist als die der Säurebildner. Als Kenngröße für die Beladung dient die Raumbelastung. Sie ist definiert als Zugabe organischer Trockensubstanz je m^3 Faulraum-(Fermenter-)Volumen pro Tag. Dabei ist zu beachten, dass z. B. bei Bioabfällen aus dem Haushalt ein Teil der zugeführten Organik aus holzigen, also ligninhaltigen Bestandteilen aufgebaut ist, die im anaeroben Prozess nicht abgebaut werden können. Die effektive Raumbelastung ist bei diesen Stoffen also geringer als die Berechnete.

Welche Raumbelastung toleriert werden kann, muss in Abhängigkeit der Inputstoffe, deren Zerkleinerungs- bzw. Aufschlussgrad und der Fermenterbauart entschieden werden. Viele NawaRo-Biogasanlagen mit Rührkesselfermentern werden mit einer Raumbelastung zwischen 3 und 5 betrieben. Fermenter mit Einbauten mit hoher Rührwerksleistung oder mit strukturgebenden Inhaltsstoffen, die den Bakterien größere Besiedlungsflächen bieten, können höher belastet werden als Fermenter ohne Einbauten, bzw. die überwiegend mit strukturarmen Stoffen (z. B. Fetten) beschickt werden. Auch liegende Fermenter können wegen der besseren Durchmischbarkeit höher belastet werden.

Stickstoff- und carbonathaltige Bestandteile wie sie häufig im Bioabfall aus Haushalten vorkommen, verstärken das Puffersystem und erlauben ebenfalls eine höhere Raumbelastung. Aber auch das Beschickungsintervall beeinflusst die mögliche Raumbelastung: je kleiner und häufiger die einzelnen Portionen sind und je gleichmäßiger sie zugegeben werden, umso höher ist die mögliche Raumbelastung. Wie

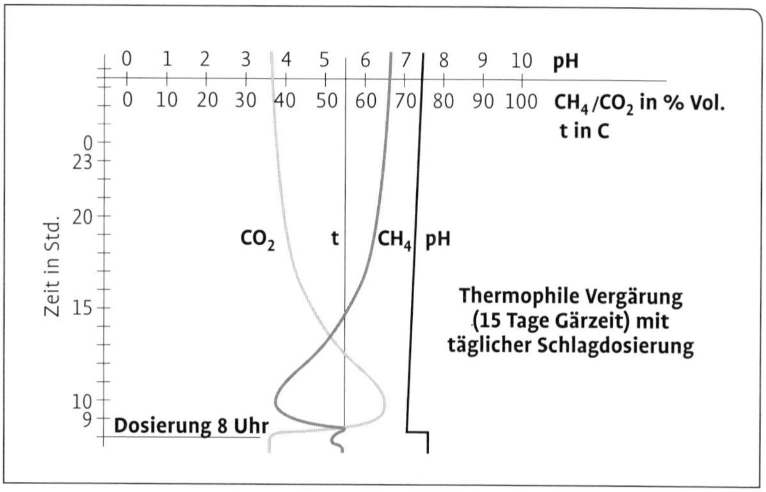

Abb. 7 Auswirkungen der Inputdosierung auf die Biogaszusammensetzung (nach LANGHANS 1999)

sehr die Biozönose und in Folge davon auch die Gasqualität durch eine ungleichmäßige Fütterung beeinträchtigt werden kann, ist aus nachfolgender Abbildung (s. Abb. 7) zu erkennen.

Die einmalige tägliche Beschickung des Fermenters führt zu einem schnellen und drastischen Rückgang der Methankonzentration. Es überwiegen Hydrolyseprozesse, die reichlich CO_2 produzieren und es dauert Stunden, bis sich die biologisch/physiologischen Bedingungen im Fermenter wieder auf ein normales Niveau eingependelt haben. Durch die lange Phase suboptimaler Bedingungen sinkt der Methanertrag.

Das Wechselspiel aus Fermeterbelastung und mikrobiologischen Bedingungen im Fermenter lässt sich auch aus der Zusammenschau der Abbildungen 8 und 9 erkennen.

Unterschiedliche Belastungen des Fermenters in der Startphase der Beobachtung mit Spitzen der Raumbelastung über 5 kg oTM/(m^3xd) führen zu sehr hohen Gesamtsäurekonzentrationen um die 6 000 mg/l, mit einer extrem bedenklichen Spitze bei annähernd 10 000 mg/l. Dabei gewinnt die energetisch betrachtet ungünstige Propionsäure gegenüber der Essigsäure an Bedeutung (s. Abb. 9).

Die Raumbelastung ist weiterhin korreliert mit der Verweilzeit: Bei konstantem Faulraumvolumen sinkt die Verweilzeit mit zunehmender Raumbelastung (s Abb. 10)

Der Kurvenverlauf hängt dabei von der Konzentration organischer Trockenmasse (oTM) im zu vergärenden Substrat ab. Je höher konzentriert die oTM (Beispiel Frittierfett), desto stärker ist der Rückgang der Verweilzeit mit steigender Raumbelastung.

Die Verweilzeit der zugeführten organischen Substanz im Fermenter muss primär so gewählt werden, dass die vergärbaren Anteile weitestgehend abgebaut werden können. Für die Abbaugeschwindigkeit ist

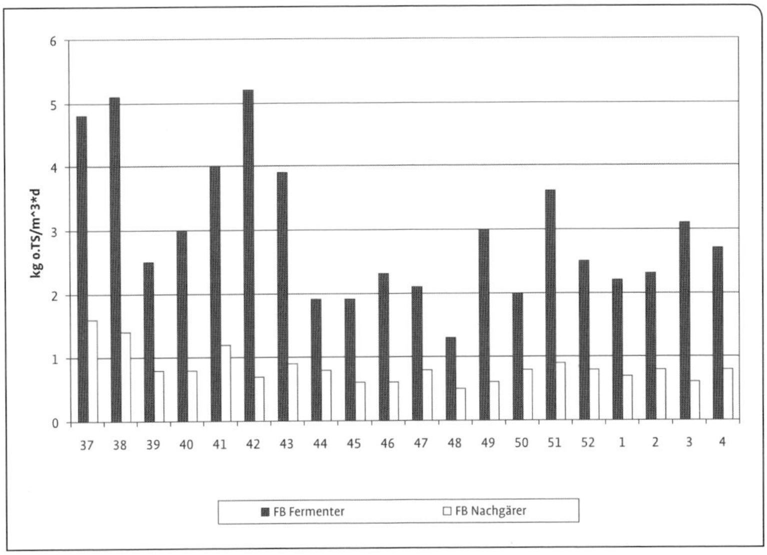

Abb. 8 Verlauf der durchschnittlichen wöchentlichen Faulraumbelastung in einer Langzeitanalyse

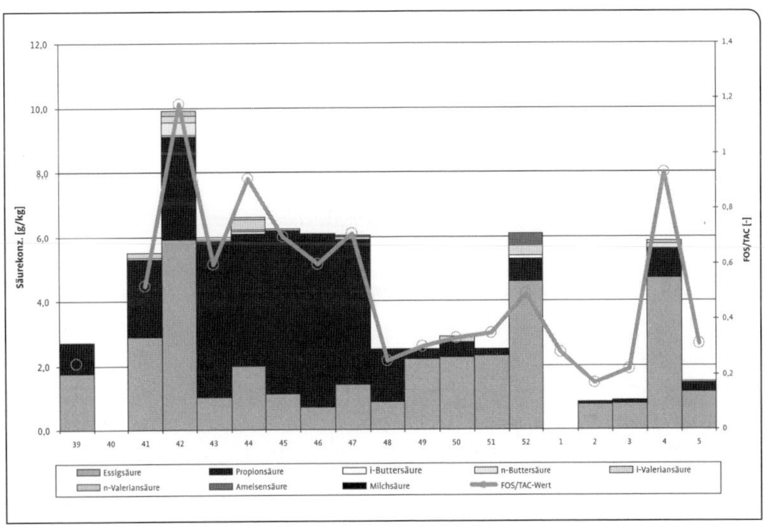

Abb. 9 Säurenspiegel im Fermenter in einer Langzeitanalyse

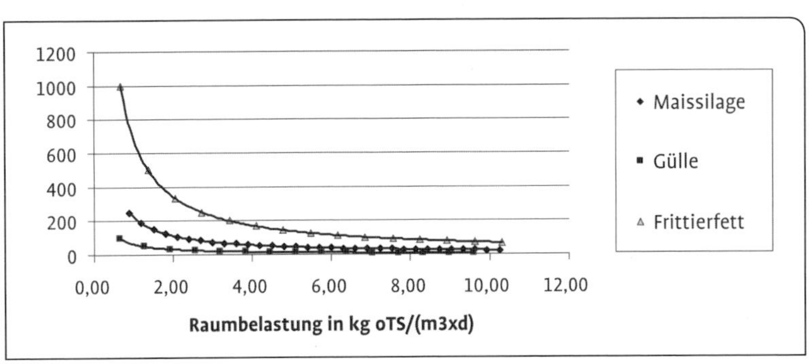

Abb. 10 Zusammenhang zwischen Verweilzeit und Raumbelastung

dabei neben der Aufbereitung (z. B. Zerkleinern und Quetschen, um die zugänglichen Oberflächen zu vergrößern) die chemische Zusammensetzung der Inputstoffe von entscheidender Bedeutung: der stärkehaltige Mehlkörper eines Getreidekorns ist deutlich schneller abbaubar als z. B. ligninhaltige Grasbestandteile. Die Verweilzeit muss deshalb substratspezifisch gewählt werden.

3.4 Temperatur

Auch die Temperatur hat einen deutlichen Einfluss auf die Abbaugeschwindigkeit: je höher das Temperaturniveau im Fermenter, desto schneller laufen die biologischen Prozesse der Methanbildung ab. Für den Betrieb von Biogasanlagen unterscheidet man deshalb zwischen psychrophilem, mesophilem und thermophilem Temperaturniveau.

Der psychrophile Bereich (unter 25 °C) wurde in der Vergangenheit, z. B. bei ungeheizten Biogasanlagen genutzt. Aufgrund der dabei not-

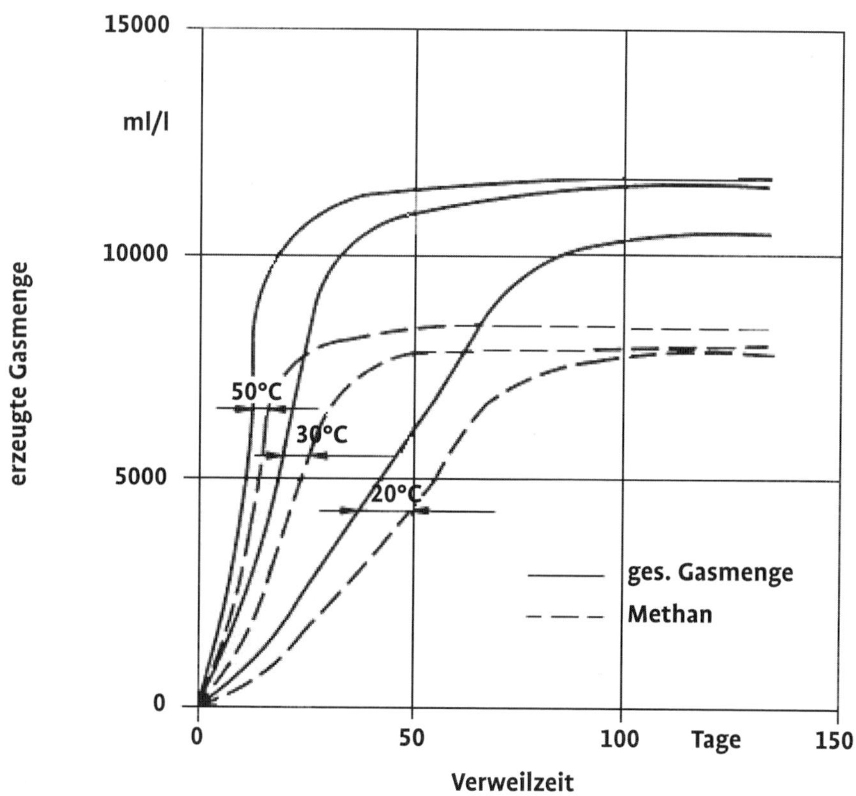

Abb. 11 Einfluss der Fermentertemperatur auf die Biogas- und Methanbildung (nach EDER und SCHULZ 1996)

wendigen sehr langen Verweilzeiten wird in diesem Bereich heute, mit Ausnahme von Entwicklungsländern, nicht mehr gearbeitet.

Geschätzt werden mehr als 90 % aller in Deutschland betriebenen NawaRo-Biogasanlagen im mesophilen Temperaturbereich betrieben. Zwischen 25 °C und 45 °C, meist bei 38 °C erreicht man akzeptable Verweilzeiten, etwa um 40 Tage bei einer sehr artenreichen und damit stabilen Biozönose. Insbesondere die zahlreichen Nassvergärungsanlagen werden meist mesophil betrieben. Dabei ist der geringere Prozesswärmebedarf ein nicht zu vernachlässigender Faktor, vor allem wenn die Wärme extern genutzt werden kann.

Bei einer Behandlungstemperatur zwischen 45–55 °C spricht man von der thermophilen Betriebsweise. Sie ist gekennzeichnet durch schnellen Abbau und hohe Gaserträge (s. Abb. 11)

Da die Anzahl an Arten von Mikroorganismen, die bei diesem Temperaturniveau aktiv sind, gegenüber dem thermophilen Bereich jedoch deutlich geringer ist, muss mit einer geringeren Prozessstabilität gerechnet werden. Das heißt Störeinflüsse von außen, wie Temperaturschwankungen, Schwankungen in der Zulaufmenge oder das Eindringen von Hemmstoffen, können die Biozönose beeinträchtigen und zu verringertem Abbau, geringeren Methanerträgen bis hin zu einem völligen Erliegen der Gasproduktion führen.

Untersuchungen von Langhans, G. 1999 zeigen, dass im thermophilen Betriebsniveau höhere Konzentrationen organischer Säuren und damit höhere Raumbelastungen toleriert werden können. Vorsicht ist hingegen bei Inputstoffen mit hohem Stickstoffanteil geboten. Durch die höhere Temperatur wird das Gleichgewicht zwischen NH_4-N und NH_3 in Richtung des toxisch wirksamen NH_3 verschoben. Aufgrund des Einfluss des pH-Wertes auf das Gleichgewicht zwischen NH_3 und NH_4,

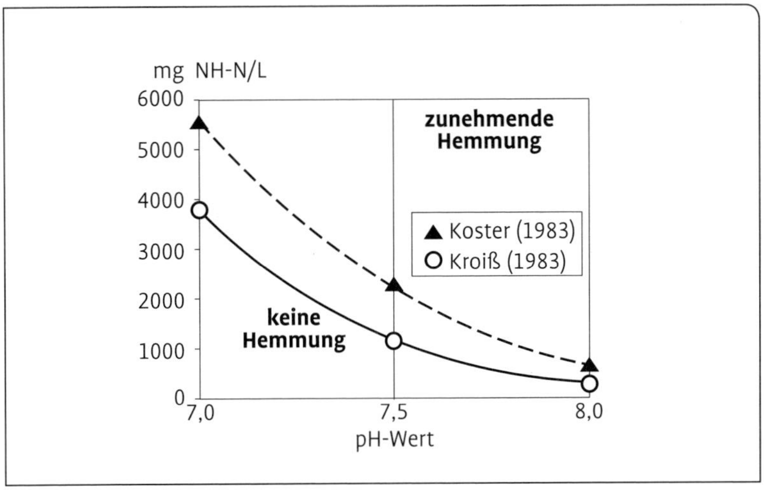

Abb. 12 Zulässige NH_4-N-Konzentration in Abhängigkeit vom pH-Wert im Reaktor (Kroiss 1986)

setzt eine NH_3-bedingte Hemmung bei niedrigem pH-Wert erst bei höherer NH_4-Konzentration ein als bei hohem pH-Wert (s. Abb. 12)

Vorteile sind bei der thermophilen Vergärung zu sehen, wenn eine Hygienisierung des Gärreststoffs gefordert wird. Schwierig ist es dabei jedoch, die notwendigen Verweilzeiten einzuhalten ohne andere prozessbiologische Nachteile (ungleichmäßige Beschickung) in Kauf zu nehmen. Vor diesem Hintergrund wird bei einer gesetzlich vorgeschriebenen Hygienisierung deshalb oft der alternative Weg über eine Erhitzung auf 70 °C für 1 Stunde (Pasteurisierung) in einer Hygienisierungseinrichtung außerhalb des Fermenters gewählt.

Die Möglichkeit über eine thermophile Vergärung eine Hygienisierung zu erreichen und der Zeitvorteil dürften die Hauptursachen sein, dass bei Abfallvergärungsanlagen häufiger eine thermophile Betriebsweise anzutreffen ist. Hier wird ein Großteil der Einnahmen durch die Kippgebühren und nur ein untergeordneter Betrag über den Verkauf von Strom, Wärme, etc. erreicht. Deshalb ist bei Abfallvergärungsanlagen der Durchsatz in der Regel wichtiger als der Gasertrag.

Untersuchungen von Christ, O. 1999 haben gezeigt, dass thermophil behandeltes Material schlechter zu entwässern ist als mesophiles. Das ist zu berücksichtigen, wenn der Gärreststoff vor der Verwertung aufbereitet werden soll.

Unter thermophilen Bedingungen werden verstärkt bereits gelöste Stoffe abgebaut. Christ, O. 1999 empfiehlt deshalb eine thermophile Stufe bei zweistufigen Verfahren vor eine nachfolgende mesophile Stufe zu installieren.

Auch jenseits der 55 °C findet noch ein anaerober Abbau statt. Scherer, P. und Vollmer, G.-R. 1999 haben leistungsfähige Mikroorganismen selektiert, die in diesem sogenannten hyperthermophilen Bereich sehr effektiv arbeiten. Das Verfahren hat allerdings noch keinen Einzug in die Praxis gefunden, so dass hier keine weitere Bewertung stattfinden kann.

3.5 Methankonzentration des Biogases

Biogas enthält als wesentliche Komponenten Methan, meistens zwischen 50 Vol.-% bei NawaRo-Anlagen mit hohem Anteil an Kohlenhydraten und 65 Vol.-% bei Abfallvergärungsanlagen mit hohem Anteil an Proteinen und Fetten. Entsprechend sind Kohlendioxidkonzentrationen zwischen 35 und 45 Vol.-% im Biogas verbreitet. Der Rest besteht aus Wasserdampf und Spurengasen wie NH_3, H_2S, organischen Säuren, etc.

Der Methananteil im Biogas ist grundsätzlich von der Oxidationsstufe des Inputmaterials abhängig (s. Abb. 13) und nicht vom eingesetzten Biogasverfahren. Je nach der Zusammensetzung der Inputstoffe aus Fetten, Proteinen und Kohlenhydraten ergibt sich ein unterschiedlicher Methangehalt.

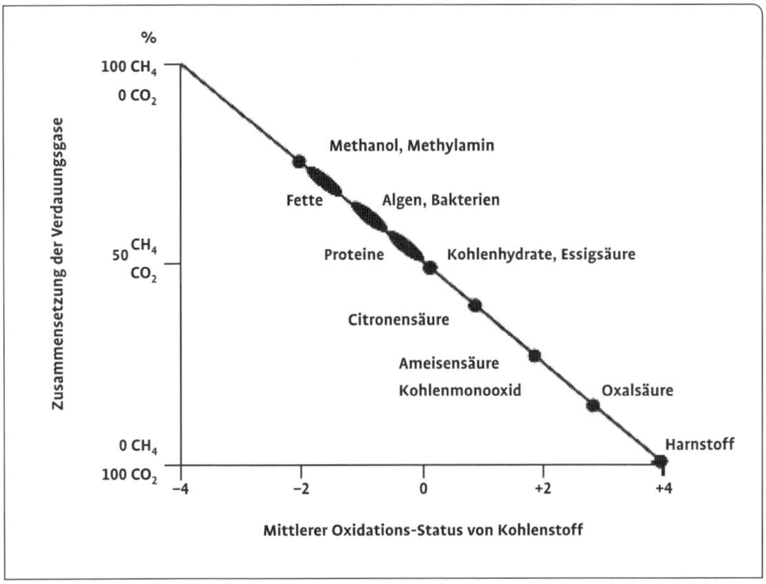

Abb. 13 Methangehalte in Abhängigkeit von der Oxidationsstufe der organischen Substanz (nach SCHERER 2001)

Darüber hinaus kann es zu Veränderungen der Gaszusammensetzung durch das Einbringen von Umgebungsluft in das Gassystem, z. B. zur Entschwefelung, oder durch das Ableiten kohlendioxidreicher Abluft aus der Hydrolyse oder durch andere Maßnahmen der Biogasreinigung kommen.

3.6 Hemmstoffe

Wie oben bereits erwähnt kann die Prozessbiologie in den Fermentern durch hohe Konzentrationen an NH_4 bzw. NH_3 gestört werden. WELLINGER, A. 1991 nennt als Grenzwert für NH_4-N 3 000 mg/l, weist aber darauf hin, dass nach Adaptionsprozessen auch Werte von 5 000 mg/l akzeptabel sind. Aus eigenen Erfahrungen zeigt sich, dass zum Beispiel bei Anlagen zur Vergärung von Hühnerkot und Gülle auch Werte über 6 000 mg/l toleriert werden können, ohne dass es zu offensichtlichen Depressionen bei der Gasbildung kommt. Dabei scheint aber eine mehrmonatige Adaptionsphase wichtig zu sein.

Weitere Hemmstoffe können Schwermetalle in hoher Konzentration sein, wie z. B. Kupfer und Zink als Futteradditive WELLINGER, A. 1991 oder auch Antibiotika (Tab. „3-2"). Dabei erscheint weniger eine Einzeltierbehandlung als vielmehr eine Herdenbehandlung (z. B. als Futteradditiv) von Bedeutung zu sein. Auch der Einsatz von Stalldesinfektionsmitteln (Tab. „3-3") muss bezüglich Wirkstoffen und Dosierungen überlegt erfolgen. WELLINGER, A. 1991 stellt fest, dass viele Wirkstoffe bei korrekter Dosierung gut verträglich sind, in der Praxis aber oft Überdosierungen bis zum zehnfachen Wert anzutreffen sind.

Tab. 2 Wirkung nutritiver Antibiotika und Chemotherapeutika auf die Methanproduktion bei vorschriftsgemäßer Dosierung (Quelle: WELLINGER A., BASERGA U., EDELMANN W., EGGER K., SEILER, B., veröffentlicht 1991 Verlag Wirtz AG, Aarau).

Hemmung der CH_4 Produktion				
1. Antibiotika				
Avoparcin	+/−	+	=	
Bacitracin	+	-	=	
Flavomycin	−			
Lasalocid	(+)			
Lincomycin	+			
Monensin	+			
Salinomycin	(+)			
Spiramycin	+			
Tylosin	+			
Virginiamycin	+			
2. Chemotherapeutika				
Arsanilsäure	+	+	=	Hemmung
Furazolidon	+	−	=	keine Hemmung
Sulfamethazin	−	(+)	=	Ansätze zu Hemmung
Olaquindox	+	+/ −	=	Initiale Hemmung, die nach einigen Aufenthaltszeiten überwunden wird

Tab. 3 Wirkung von Stalldesinfektionsmitteln auf die Biogasproduktion bei korrekter Dosierung verglichen zum Kontrollwert (Quelle: WELLINGER A., BASERGA U., EDELMANN W., EGGER K., SEILER, B., veröffentlicht 1991 Verlag Wirtz AG, Aarau).

Handelsname				
Beloran	+			
Buraton	++			
Dekaseptol	++++			
Durosept	+++			
Incidin 02	+			
Incidin anticoc	+++			
Lethane 100	+			
Lysococ	++++			
Lysoformin vet.	−			
Lysovet PA	+	+	=	Hemmung
Multifor Des	+	−	=	keine Hemmung
Pantasept	−	(+)	=	Ansätze zu Hemmung
Tego 51	+	+/ −	=	Initiale Hemmung, die nach einigen Aufenthaltszeiten überwunden wird
Tegodor	−			
Weladyn	+			

Auch Präparate zur Entfernung von Milchsteinen und zur Reinigung von Melkanlagen machen bei vorschriftsmäßiger Dosierung in der Regel keine Probleme.

In der Praxis wird, trotz der in den letzten Jahren erheblichen Zunahme an Biogasanlagen, kaum von Hemmungen berichtet. Wie jüngere Untersuchungen von Sayder, B. et al., 2009 zeigen, können im Labor zwar hemmende Wirkungen von Kupfer, diversen Antibiotika und Desinfektionsmitteln nachgewiesen werden. Unter Praxisbedingungen liegen die Konzentrationen, wie Untersuchungen an Ställen zeigten, in der Regel deutlich unter den entsprechenden Schwellenwerten (z. B. bei Kupfer 600–1 250 mg/kg), so dass keine Hemmungen nachzuweisen waren.

Antibiotika können während des Biogasprozesses abgebaut werden.

Hemmungen sind demnach im Allgemeinen nur in Fällen von Überdosierungen bzw. bei unsachgemäßer Anwendung zu erwarten.

3.7 Spurennährstoffe

Noch bis Mitte des ersten Jahrzehnts herrschte in Fachkreisen die durch Praxiserfahrungen gestützte Meinung, dass die Mikroorganismen im Fermenter alleinig durch die Inputstoffe mit allen Makro- und Mikronährstoffen ausreichend versorgt werden.

Ab 2005, als nach der Novellierung des EEG die ersten reinen Maisanlagen im Regelbetrieb waren, nahmen die Meldungen über biologische Störungen zu, die auf einen Mangel an Nährstoffen zurückzuführen waren.

Untersuchungen von Heuwinkel, H. et al. 2009 zeigten, dass vor allem bei höheren Raumbelastungen ab 4,0 kg oTS/(m^3xd) positive Effekte durch den Zusatz von Spurennährstoffpräparaten zu beobachten waren. Allerdings konnte nicht klar herausgearbeitet werden, ob die Wirkung von den Spurenelementen oder von den übrigen Beimischungen ausging.

Mikroorganismen benötigen Spurenelemente vor allem zur Bildung von Enzymen. Als essentiell für Biogasanlagen gelten vor allem Ni, Co, Mo, und Se, aber auch Cu, Zn, Mn, W, V oder B.

Vor dem Einsatz von Spurenelementen sollte geprüft werden, welche Faktoren zu einem Mangel geführt haben. Oftmals bilden Spurenelemente mit Sulfiden schwer lösliche Verbindungen, die sich z. B. über die Zugabe von Fe-Verbindungen vermeiden lassen.

Auch die Zugabe von Gülle kann die Spurenelementversorgung verbessern helfen.

Schließlich ist zu beachten, dass auch eine Überdosierung von Spurenelementen zu Hemmungen führen kann.

4 Vergärung nachwachsender Rohstoffe

Dr. Markus Helm

Biogasanlagen zur Vergärung von nachwachsenden Rohstoffen und/ oder Wirtschaftsdünger benötigen neben den Aggregaten zur Biogaserzeugung und -verwertung auch diverse periphere Einrichtungen.

4.1 Substratgewinnung und Lagerung

4.1.1 Substratgewinnung

Biogasanlagen werden das ganze Jahr über betrieben. Die nachwachsenden Rohstoffe, die in der Regel die Hauptlieferanten für die Erzeugung von Biogas sind, werden dagegen im Sommer bzw. Herbst geerntet. Damit sind Lager zur Entkopplung von Substratanbau und Biogasanlagenbetrieb zu schaffen.

Aus dem Bereich der nachwachsenden Rohstoffe sind Silagen in der Regel die Hauptinputstoffe für Biogasanlagen.

Eine gute Silagequalität beginnt bereits mit dem Anbau und der Ernte der nachwachsenden Rohstoffe.

Dabei sollten folgende Punkte beachtet werden (nach Durst, L., Eberlein, M., 2010, ergänzt):

- Hohe Anteile an Ampfer oder anderen sehr stängeligen Pflanzen erhöhen auch bei kurzem Häckseln das Risiko von Lufteinschlüssen.
- Ein rechtzeitiger Schnitt sorgt für einen ausreichend hohen Zuckergehalt für die Milchsäuregärung.
- Der Trockensubstanzgehalt darf weder zu hoch noch zu niedrig sein. Im ersten Fall drohen Verluste durch Sickersaft und Fehlgärungen (das Risiko von Buttersäurebildung steigt unter 30 % TS deutlich an), im zweiten Fall lässt sich das Material nicht ausreichend verdichten, so dass erhöhte Atmungsverluste und Fehlgärungen zu befürchten sind.
- Mit steigendem Trockensubstanzgehalt sollte die Häcksellänge verkürzt werden. Bei Grassilagen kann die theoretische Häcksellänge von 6 mm auf 3 mm, bei Maissilagen von 10 mm auf 5–6 mm reduziert werden. Damit kann bei trockenen Silagen eine bessere Verdichtung mit reduziertem Risiko der Schimmelbildung und Nacherhitzung erreicht werden. Bei nassen Silagen kann durch höhere Häcksellängen die Sickerwasserbildung während des Silierens erhöht werden. Zu lange Halmlängen fördern jedoch die Bildung von Schwimmdecken.

- Es sollte eine Stoppelhöhe von mindestens 7 cm eingehalten werden, andernfalls wird zuviel nicht verwertbares holziges Material aufgenommen und der Erdanteil steigt, was zur Anreicherung von Clostridien im Stock und zu verstärkter Sedimentbildung in den Behältern der Biogasanlage führen kann. Außerdem puffert ein erhöhter Aschegehalt die Milchsäure ab, so dass keine optimale pH-Wert-Absenkung im Silostock erreicht wird. Der Rohaschegehalt sollte nicht über 10 % liegen.

4.1.2 Transportlogistik

Zur Transportlogistik gehören die Abstimmung des Ernteverfahrens mit dem Transport ins Silo und dem dortigen Verdichten.

Um Phasen guten Wetters ausnutzen zu können und wegen des relativ hohen Kostenanteils, den diese Verfahrensschritte an den Gestehungskosten der Silagen haben, ist hier eine sorgfältige Planung unbedingt erforderlich.

Durch die immer schlagkräftigere Erntetechnik ist heute häufig das Verdichten im Silo der begrenzende Faktor.

Für den Transport alleine stehen je nach Ernteleistung, Transportdistanz, vorhandenem Straßen- und Wegenetz diverse Verfahren zur Verfügung, angefangen von der Ernte mit Häckselwagen im Parallelverfahren bis hin zu Agrar-LKWs. Wertvolle Hinweise zu den jeweiligen Vor- und Nachteilen und zu den Kosten können dem Info-Blatt Nr. II 6/2010 „Verfahren zum Transport von Biomasse“, Biogas Forum Bayern sowie weiteren Veröffentlichungen des Biogas Forum Bayern entnommen werden.

Biogasanlagen geraten immer häufiger in den Focus öffentlicher Kritik. Neben der „Vermaisung“ der Landschaft werden dafür auch sehr häufig der Lärm und die Verkehrsbelastung durch die Erntemaschinen genannt. Um die öffentliche Akzeptanz zu verbessern, sind deshalb gerade bei der Ernte und dem Transport rücksichtsvoller Umgang und rücksichtsvolles Fahren gefordert. Belästigungen sind auf ein Minimum zu reduzieren.

4.1.3 Einlagerung in Fahrsilos

Die Silos sollten so angelegt werden, dass ein täglicher Vorschub von mindestens 1 m im Winter und 2–3 m im Sommer erreicht wird.

Sie sind so zu dimensionieren, dass das gesamte notwendige Material bis zur nächsten Ernte vorgehalten werden kann. Die Lagerung von Silagen auf unbefestigten Plätzen ist nur in Ausnahmefällen zulässig und darf keinesfalls als fester Bestandteil des Lagerkonzeptes betrachtet werden.

Um eine gute Silagequalität zu erreichen, ist eine optimale Verdichtung erforderlich. Dazu sollten die einzelnen Schichten laut Infoblatt Nr. II 7/2010 des Biogas Forum Bayern maximal 30 cm, besser nur 20 cm betragen. Bei 4 km/h Walzgeschwindigkeit sollten mindestens drei Überfahrten erreicht werden, dabei ist mit einem Verdichtungsaufwand von 1–2 Minuten je t Frischmasse (FM) zu rechnen.

Unmittelbar nach der Lagerung muss der Silobehälter abgedeckt werden. Ergebnisse einer Feldstudie haben gezeigt, dass die Trockenmasseverluste bei abgedecktem Silo 8 %, bei nicht abgedecktem Silo 17 % betrugen. Ähnlich hoch wie bei nicht abgedeckten Silos, sind auch die Verluste bei Abdeckung aus einer eingesäten Pflanzenschicht (Richter, W., Rössl, G., 2012).

4.2 Lagerung von Gülle zur Vergärung

Gülle die in Biogasanlagen vergoren werden soll, wird in der Regel täglich aus den Stallungen in die Biogasanlage gepumpt. Eine Zwischenlagerung ist meist nur dann notwendig, wenn Gülle von externen Betrieben angeliefert wird. Um Lagerungsverluste zu vermeiden, sollte das Lager nicht größer gebaut werden als nötig.

4.3 Annahme-, Aufbereitungs- und Eintragstechnik

4.3.1 Annahme und Zwischenlagerung

Die Annahme der Substrate sollte zur Dokumentation der verarbeiteten Mengen und zur Abrechung immer über eine Waage erfolgen. Idealerweise wird jede Fuhre über eine geeichte Fuhrwerkswaage erfasst. Soll die Wiegung zur Abrechnung dienen, ist dies aufgrund des Eichrechts zwingend notwendig.

Zur Betriebskontrolle kann auch eine Wiegung am Radlader oder am Feststoffeintragsystem erfolgen. Nach den Erfahrungen des Autors liefern die Wiegesysteme an den Feststoffeintragsystemen die genaueren Ergebnisse. In jedem Fall muss die Wiegeeinrichtung in regelmäßigen Abständen kalibriert werden.

Bei Anlieferungen von Dritten sollte jeweils eine Sichtkontrolle des Materials durchgeführt werden. Dabei ist zum einen darauf zu achten, dass es sich um einen genehmigten Inputstoff handelt, zum anderen auf Auffälligkeiten hinsichtlich Aussehen und Geruch, die auf eine schlechte Qualität schließen lassen.

Neben den oben angesprochenen Lagermöglichkeiten für die Substrate, ist auch eine kurzfristige Bevorratung auf der Anlage erforderlich.

Flüssige Substrate wie Gülle oder Fette bei Kofermentationsanlagen werden dabei in ober- oder unterirdischen Tanks zwischengelagert, die bei bestimmten Abfallarten aus Immissionsschutzgründen geschlossen ausgeführt und für Stoffe mit hohem Schmelzpunkt (z. B. einige Fette) auch beheizt werden müssen.

Feststoffe werden meist in den Bunkern der Eintragssysteme zwischengelagert.

Noch vor einigen Jahren wurden die Bunker so dimensioniert, dass eine mehrtägige Lagermöglichkeit (z. B. für Feiertage) gegeben war. Das ist bei größeren NawaRo-Anlagen und den dafür nötigen Volumina heute kaum mehr möglich. Da besonders bei Silagen, sobald sie aus dem Silostock entnommen worden sind und mit dem Luftsauerstoff in Berührung kommen, sehr schnell Atmungsprozesse und damit Verluste einsetzen (s. Tab. 4) (VOIGTLÄNDER, G., 1987), ist davon abzuraten. Die Bevorratung auf der Anlage sollte auf eine Menge begrenzt werden, die in gut einem bis maximal zwei Arbeitstagen verarbeitet werden kann.

Bei der Dimensionierung der Behältervolumina ist die geringere Lagerungsdichte des aufgelockerten Materials von 0,3 t/m^3 zu beachten (KTBL 2006).

Unterschiedliche Inputstoffe sollten möglichst getrennt gelagert werden, um eine gesteuerte Zudosierung in den Fermenter zu erreichen. Keinesfalls sollten sie mit aktivem Gärmaterial in Berührung kommen, da sonst Gasverluste und Geruchsemissionen auftreten können.

Tab. 4 Verluste bei der Gärfutterbereitung (ZIMMER 1969, nach VOIGTLÄNDER 1987)

Biologischer Prozess		**Energie-Verluste (%)**
Restatmung der Pflanze	unvermeidbar	1 – 2
Vergärung (Milchsäure)	unvermeidbar	~ 4
Sickersaft und/ oder Vorwelken	unvermeidbar	5 – 7 oder 2 – 5
Sekundärgärung (Buttersäure)	vermeidbar	0 – >5
Aerobe Umsetzungen	vermeidbar	0 – >10
Aerobe Umsetzungen nach der Entnahme	vermeidbar	0 – >10
Konservierungsverluste		**7 – 40**

Tab. 5 Vor- und Nachteile verschiedener Bunkerbauarten

Bauart	**Vorteile**	**Nachteile**
Schubboden	wenig störempfindlich	Hydrauliksystem erforderlich
Kratzboden	störempfindlich, Ketten müssen regelmäßig gespannt werden Bunker können nicht abgedichtet werden, Feststoffe und Flüssigkeiten treten aus	einfacher Antrieb
Abschiebesystem	Bunker können abgedichtet werden	Hydraulik für den Antrieb erforderlich zwischen Stempel und den Seitenwänden des Bunkers können Zwischenräume entstehen

Bei den Bunkern haben sich verschiedene Bauarten etabliert. Grundsätzlich gibt es Bunker mit oder ohne Mischeinrichtungen.
Bei Bunkern ohne Mischeinrichtungen erfolgt der Transport des Schüttgutes zu den Austragsorganen über
- Schubböden
- Kratzketten
- Abschiebesysteme

mit den in Tabelle 5 zusammengestellten Vor- und Nachteilen.

Daneben gibt es vereinzelt auch Systeme mit einem Förderband am Behälterboden.

Systeme mit Mischeinrichtungen haben meist Ihren Ursprung bei Futtermischwagen. Die Idee ist dabei: Man gibt verschiedene Inputstoffe, z. B. Maissilage, Grassilage und Stallmist zusammen in den Bunker. Dort erfolgt eine Durchmischung in den Mischschnecken, gegebenenfalls auch eine Zerkleinerung durch Werkzeuge.

In der Vergangenheit hat es sich dabei als problematisch erwiesen, dass die Bunker durch große trichterartige Aufsätze sehr groß gebaut wurden, die Mischorgane aber nur im unteren Bereich des Bunkers arbeiten und somit keine gute vertikale Durchmischung erzielt wird.

Zudem sind Mischeinrichtungen auch bezüglich des Energieverbrauchs kritisch zu betrachten.

Inzwischen sind auch kombinierte Systeme verfügbar: Ein Bunker mit Abschiebeboden, der im vorderen Bereich über eine Mischeinrichtung verfügt.

In der Vergangenheit wurde von den Anlagenbetreibern zudem häufig bemängelt, dass die Bunker aufgrund starker Korrosion nur eine sehr kurze Standzeit von oft nicht mehr als zwei Jahren aufwiesen.

Abb. 14 Kratzbodenförderer

Abb. 15 Bunker mit Abschiebesystem

Stand der Technik heute sind Edelstahl- oder Kunststoffauskleidungen, so dass nun mit deutlich längeren Standzeiten zu rechnen sein sollte.

An Standorten, die in Bezug auf Geruchsimmissionen als kritisch zu bewerten sind, kann auch für Silagen eine Abdeckung der Bunker sinnvoll sein. Bei besonders geruchsintensiven Abfällen, die mitvergoren werden, kann, je nach Lagermenge und Standort, zusätzlich eine Absaugung und Desodorierung geruchsbeladener Luft notwendig werden. Dabei sind im Einzelfall auch preiswerte Lösungen möglich, wie beispielsweise Gaspendelsysteme mit einem Ausgleichsgefäß oder die Verbrennung geruchsbeladener Luft im BHKW (nur bei ausdrücklicher Freigabe durch den Hersteller).

Generell wird bei Kofermentationsanlagen dem Immissionsschutz besondere Beachtung geschenkt werden müssen. Dazu wird ab einer immissionsschutzrechtlich relevanten Größe auch eine geschlossene Anlieferungshalle erforderlich werden. Details dazu lassen sich aus der VDI-Richtlinie 3475 Blatt 4 ableiten.

Bei reinen NawaRo-Anlagen ist das Geruchsemissionspotential deutlich geringer. Geschlossene Annahme- und Lagerbereiche sind hier aus emissionsschutzrechtlichen Gründen in der Regel nicht erforderlich, können aber den Arbeitskomfort im Winter durchaus verbessern.

4.3.2 Materialeintrag

Der Eintrag vom Bunker in die Fermenter kann entweder über Pumpen oder ein Feststoffeintragsystem erfolgen.

Flüssige Stoffe, wie Gülle können über einfache und relativ preiswerte Drehkolbenpumpen gefördert werden. Zur Förderung trockensubstanzreicherer Stoffe oder Stoffgemische werden meist Exzenterschneckenpumpen oder in Einzelfällen auch Balg- oder Schlauchpumpen eingesetzt.

In jedem Fall ist es wichtig, dass die Pumpe auf das zu fördernde Substrat, die Rohrleitungslänge, den Querschnitt und Rohrleitungsführung abgestimmt wird. Bei der Rohrleitungsführung sollten 90°-Bögen vermieden und die Anzahl der Biegungen minimiert werden. An kritischen Stellen (unvermeidbaren Bögen, etc.) sollten Spülanschlüsse angebracht werden.

Frostgefährdete Substratleitungen sind zu isolieren und beheizbar auszurüsten.

Idealerweise sollte bei den Rohrleitungen zwischen den Behältern eine Redundanz geschaffen werden: Neben einem Strang mit freien Überläufen sollte ein Strang von Rohrleitungen errichtet werden, die an eine Pumpe angeschlossen sind.

Um Verstopfungen vorzubeugen, sollten bei freien Überläufen die Rohrleitungen in den Behältern mit Einrichtungen zum Einblasen von Luft (dem sog. „Blubb“) ausgestattet werden.

Werden gleichzeitig Feststoffe (z. B. Silagen oder Festmist) mit Flüssigkeiten (z. B. Gülle) vergoren, stehen zwei prinzipielle Wege zum Substrateintrag in den Fermenter zur Verfügung:

- **Variante 1:** Die Flüssigkeiten werden in den Fermenter gepumpt, die Feststoffe getrennt davon über ein Feststoffeintragsystem (meist Förderschnecken) direkt in den Fermenter gefördert.
- **Variante 2:** Die Flüssigkeiten werden mit den Feststoffen z. B. in einer Pumpe zusammengebracht und als Suspension in den Fermenter gepumpt. Falls kein flüssiger Inputstoff zur Verfügung steht, kann stattdessen auch Rezirkulat eingesetzt werden. Häufig wird dabei auch eine Zerkleinerungseinrichtung integriert.

Das Anmischen der Suspension in Behältern hat sich dagegen nicht bewährt.

Dem Autor sind Fälle bekannt, wo Anlagenbetreiber aufgrund ständiger Probleme von Variante 1 auf Variante 2 umgestellt haben und umgekehrt.

Beide Systeme haben also offensichtlich Vor- und Nachteile und können gut oder schlecht funktionieren (s. Tab. 6).

Feststoffeintragsysteme werden meist mit Schnecken kombiniert, die das zu vergärende Material zunächst nach oben und dann über eine zweite sogenannte Stopfschnecke durch die Fermenterwand unter die Füllstandsoberfläche fördern. Auch diese Schnecken unterliegen starkem Verschleiß und sind in der Regel nach 1–3 Jahren auszuwechseln.

In Einzelfällen werden zum Transport zwischen Bunker und Fermenter statt Förderschnecken auch Förderbänder eingesetzt, ähnlich wie die in der Abfallwirtschaft. Sie haben deutlich weniger Verschleiß als Schnecken. Allerdings können Sie nur relativ geringe Steigungen bewältigen, so dass Ihre Verwendung häufig aus Platzgründen nicht möglich ist.

Tab. 6 Eintrag von Feststoffen: Vermischt mit Flüssigkeiten oder direkt.

	Vorteile	Nachteile
Eintrag suspendierter Feststoffe	gut mit Zerkleinerungseinrichtungen wie Mazeratoren kombinierbar wahrscheinlich weniger Rühraufwand im Fermenter geringere Neigung zur Bildung von Schwimmschichten bei faserigen Inputstoffen wie Gras, Stroh oder GPS	höherer Energieaufwand für das Pumpen höherer Verschleiß an der Pumpe potentielle Verstopfungsgefahr in den Rohrleitungen hoher Flüssigkeitsbedarf
Direkteintrag von Feststoffen	wahrscheinlich weniger Energieaufwand	Schneckeneintragsysteme sind sehr verschleißanfällig ggf. mehr Rühraufwand im Fermenter größere Gefahr der Bildung von Schwimmdecken bei gras- und strohhaltigen Mischungen

Abb. 16 Eintrag über Presskolben

Da Feststoffeintragsysteme, wie diverse Untersuchungen gezeigt haben (KTBL 2009) zu den störanfälligsten Bereichen einer Biogasanlage gehören und Störungen am Eintragsystem sehr schnell zu verminderten Gaserträgen führen, ist in diesem Bereich eine Redundanz besonders zu empfehlen. Besteht eine Biogasanlage aus mehreren Fermentern, die alle separat mit Substrat beschickt werden sollen, sollte jeder Fermenter einen eigenen Bunker und ein eigenes, unabhängiges Feststoffeintragsystem erhalten, damit im Falle einer Störung die Anlage wenigstens im Teillastbetrieb gefahren werden kann.

Die in der Praxis häufig anzutreffende Version (ein Bunker und eine Hochförderschnecke, die eine Verteilschnecke für zwei Fermenter versorgt) mag zwar zunächst den Investitionsbedarf senken, bietet aber keine Redundanz beim Eintrag.

Sonderformen stellen sogenannte Presskolbeneintragsysteme dar (s. Abb. 16). Hier werden die Feststoffe über einen Stempel von unten in den Fermenter gepresst. Bei diesen Systemen bedarf der auch dem Verschleiß unterliegende Messerkranz, der den Substrat-Strang teilt und diesen so leichter im Fermenter suspendierbar macht, besonderer Aufmerksamkeit.

Aus immissionsschutzrechtlicher Sicht entsprechen offene Einspülsysteme nicht mehr dem Stand der Technik.

Auch Mischgruben zum Anmischen von Flüssigkeit und Feststoff sind zur Suspendierung der für NawaRo-Anlagen typischen Feststoffmengen nicht geeignet. Die Zusammenführung der verschiedenen Komponenten muss vielmehr zwangsweise erfolgen, so dass keine Entmischung möglich ist.

4.4 Fermenter

Es gibt folgende Fermenterbauarten:

- Fermenter mit Einbauten wie USB-Reaktoren
- Volldurchmischter Rührkesselfermenter
- Pfropfstromfermenter
- Perkolationsfermenter

Die Auswahl des Fermenters richtet sich primär nach dem Trockensubstanzgehalt des zu vergärenden Materials, wobei dieser im Rahmen der Materialaufbereitung, z. B. durch die Rückführung flüssigen Gärreststoffes oder durch Zusatz von Wasser bei der Abfallvergärung, in bestimmten Grenzen (NH_4-N-Gehalt bzw. Salzkonzentration) eingestellt werden kann.

Als Baumaterialien werden Schwarzstahl, beschichtetes Stahlblech (Emaille), Edelstahl oder Beton eingesetzt.

Für NawaRo-Biogasanlagen sind Betonbehälter in der Regel die preiswerteste Variante. Voraussetzung dafür ist jedoch, dass sie nicht zu hoch (z. B. nicht über 6–8 m) gebaut werden müssen.

In jedem Fall muss bei einer vorgesehenen Entschwefelung im Fermenter die Gaswechselzone gegenüber Korrosion geschützt werden. In Betonbehältern werden dabei in der Regel in diesem Bereich Kunststoffauskleidungen oder Epoxidharzbeschichtungen zum Schutz verwendet. Ansonsten sind entsprechend geeignete Beschichtungen oder besonders hochwertige Edelstähle, die dem Angriff von Schwefelsäure auf dem zu erwartenden Temperaturniveau in diesen Bereichen standhalten, zu verarbeiten.

Selbstverständlich ist durch eine geeignete Erdung sicher zu stellen, dass keine Korrosion durch Spannungsunterschiede auftritt.

4.4.1 Fermenter mit Einbauten

Für sehr flüssige Abfälle (z. B. Abwasser) sind Fermenter mit Einbauten, sofern sie sich wirtschaftlich darstellen lassen, besonders gut geeignet: Die Einbauten bieten den Mikroorganismen zusätzliche Besiedlungsflächen, wodurch die Verweilzeit erheblich verkürzt und die zulässige Raumbelastung erhöht werden kann. Bei Substraten mit höheren TS-Gehalten (ab ca. 5 %) würden die Einbauten jedoch verkleben, so dass dieser Fermentertyp bei der Vergärung von Gülle, nachwachsenden Rohstoffen und feststoffreichen Abfällen keine Rolle spielt.

4.4.2 Rührkesselfermenter

Rührkesselfermenter sind große Tanks, die mit Rührwerken und ggf. einer Heizung ausgerüstet werden und im Übrigen keine nennenswerten Einbauten haben.

Die Rührkesselfermentertechnologie kommt, je nach Art der eingesetzten Rührwerke bei heterogen Inputstoffen (z. B. Mais in Flüssigkeit) nach vorliegenden Praxiserfahrungen spätestens ab einem TS > 12 % im Behälter an die Grenzen der Rührfähigkeit. Eine weitere Grenze wird durch Gärsubstrat mit deutlichem Anteil an Schwerstoffen, die zur Sedimentation neigen, erreicht. Durch den relativ niedrigen zulässigen TS-Anteil wird die Sedimentation gefördert. Aktive Austragsorgane am Fermenterboden konnten sich im Praxisbetrieb nicht bewähren.

Rührkesselfermenter lassen sich gut mit einem Gasspeicherdach kombinieren. In Süddeutschland werden sie aus Gründen des Platzbedarfs aber auch des Landschaftsbildes dagegen oft erdversenkt mit befahrbarer Betondecke gebaut.

Als Sonderformen werden Rührkesselfermenter auch als sog. „Ring in Ring"- Lösung gebaut. Diese bieten allerdings im Außenring keine guten Voraussetzungen für eine optimale Durchmischung.

Rührwerke

Die Rührwerke bzw. Mischeinrichtungen sorgen dafür, dass

- das Material möglichst homogen verteilt wird
- Temperatur- und Konzentrationsunterschiede ausgeglichen werden
- Schwimm- und Sinkschichten vermieden werden
- Mikroorganismen und deren Nahrung zusammenkommen
- das produzierte Gas austreten kann.

Ausgehend von der Gülle- und Abwassertechnik wurde die Rührtechnik in den letzten Jahren weiterentwickelt und verfeinert und an die speziellen Bedürfnisse der NawaRo-Vergärung angepasst. Dabei ist eine Vielzahl von neuen Rührwerkstypen entstanden, für die noch nicht auf langjährige Praxisergebnisse zurückgegriffen werden kann.

Zu Effekten der Rührtechnik auf die Gasausbeute, die Beanspruchung von Mikroorganismen, etc. liegen keine gesicherten Erkenntnisse vor.

Die Rührwerke sind einer der Hauptverbraucher für Strom an Biogasanlagen. Der Stromverbrauch zur Durchmischung des Gärsubstrats in der ersten Vergärungsstufe macht durchschnittlich ca. 25 % des Gesamtstromverbrauchs einer Biogasanlage aus (Kissel, R., Effenberg, M., Herb, C., 2010).

Gärgemische weisen eine sogenannte Pseudoplastizität oder Strukturviskosität auf. Ein eindeutiger Wert für die Viskosität ist nach üblichen Standardverfahren nicht ohne weiteres messbar. Die Auslegung und Dimensionierung der Rührwerke erfolgt deshalb oft nach Erfahrungswerten. Dabei sollten, nicht zuletzt auch im Hinblick auf mögliche zukünftige Änderungen der Inputmaterialzusammensetzung, immer ausreichend Leistungsreserven vorgesehen werden. Außerdem ist auf die richtige Positionierung der Rührwerke zum (Feststoff-)Eintragsystem zu achten, damit das Inputmaterial gut eingemischt werden kann.

Bei Inputmischungen mit hohem Grasanteil wurde in der Vergangenheit öfter von der Ausbildung eines gelartigen Fermenterinhalts berichtet, dessen Rührfähigkeit sehr schlecht ist. Bei schlecht rührfähigem oder zu viskosem Substrat kann der Zusatz von Enzymen Abhilfe schaffen (Hilse et al. 2010).

Die Rührwerke der Fermenter sollten immer an die Notstromversorgung der Biogasanlage angeschlossen werden, denn bei einem Ausfall der Rührwerke steigt durch die Gasbildung der Fermenterinhalt wie ein Hefekuchen an. Dies kann zu erheblichen Beschädigungen und Gefahren führen.

Die Erfahrungen der letzten Jahre haben gezeigt, dass die Rührwerksflügel in Fermentern auch bei NawaRo-Anlagen einem starken Verschleiß unterliegen. Es sind selten Standzeiten von mehr als 2 Jahren zu erwarten. Dementsprechend sollte bereits beim Bau der Anlage darauf geachtet werden, dass die Rührwerksflügel ohne größere Betriebsunterbrechungen ausgetauscht werden können.
In Rührkesselfermentern werden folgende Rührwerke/Mischeinrichtungen verbaut:

- Tauchmotorrührwerke
- Stabmixer
- Langachsrührwerke
- Horizontale Paddelrührwerke
- Vertikale Paddelrührwerke
- Zentralrührwerke
- Gaseindüsung (pneumatisches Rühren)
- Umwälzsystem (hydraulisches Rühren)

Tauchmotorrührwerke
Tauchmotorrührwerke (s. Abb. 17) haben ihren Ursprung in landwirtschaftlichen Güllebehältern. Der schnell laufende Propeller (ca. 300–400 U/min) führt zu hohen Scherkräften in unmittelbarer Nähe. An der Oberfläche arbeitend ist dieses Rührwerk gut geeignet auch stärkere Schwimmschichten aufzulösen.

Aus der Erfahrung an großtechnischen Anlagen und aus Modellversuchen zeigt sich, dass bei einem Medium mit hohem Trockensubstanzgehalt ab einem Behälterdurchmesser von ca. 13 m mindestens zwei, ab ca. 20 m mindestens drei Tauchmotorrührwerke erforderlich sind. Noch größere Fermenter werden häufig mit vier Tauchmotorrührwerken ausgerüstet, um eine ausreichende Rührwirkung zu erreichen. Dabei sollten die Rührwerke, je nach Art und Menge der Inputstoffe, in unterschiedlichen Tiefen arbeiten (z. B. eines oben, eines in der Mitte und eines unten) und in einem Winkel von ca. 30° zur Behälterwand eingestellt werden.

Tauchmotorrührwerke (TMR) werden in hohen Stückzahlen gebaut, der Investitionsbedarf ist relativ niedrig. Sie sind ausgereift und Ersatzteile sind leicht zu beschaffen.

Zur Wartung können sie aus dem Fermenter herausgenommen werden. Dabei gibt es auch bei Gasspeicherdächern Lösungen mit Serviceöffnungen, so dass das Gasspeicherdach zum Entnehmen des Rührwerks nicht gelöst werden muss.

Tauchmotorrührwerke laufen nicht kontinuierlich, sondern werden je nach Größe des Behälters und dem Trockensubstanzgehalt des Gärsubstrates getaktet. Vor allem wenn mehrere Rührwerke benötigt werden und diese wegen eines hohen TS lange laufen, kann der Energieverbrauch relativ hoch werden.

Heute werden Tauchmotorrührwerke häufig mit anderen Rührwerksbauarten, z. B. Stabmix- oder Horizontalpaddelrührwerken kombiniert, um die Vor- und Nachteile der Rührwerksbauarten auszugleichen.

Tauchmotorrührwerke werden meistens mit einem Elektromotor angetrieben, in Einzelfällen auch hydraulisch.

Die Kühlung des Elektromotors erfolgt durch das umgebende Medium. Das Rührwerk muss deshalb für die gewünschte Fermentertemperatur zugelassen sein.

Im Gärsubstrat sind die Tauchmotorrührwerke, insbesondere die Dichtungen und die Motoren, neben den thermischen Belastungen auch chemischen Angriffen des umgebenden Mediums ausgesetzt, die der Haltbarkeit nicht unbedingt förderlich sind.

Als Sonderform, die in den letzten Jahren auf den Markt kam, können langsam laufende Tauchmotorrührwerke mit größerem Propeller angesehen werden, die auf Ständern bzw. Böcken montiert werden.

Sie sollen effektiver und energiesparender arbeiten als Schnellläufer.

Bei dieser Bauart, für die bisher wenige Praxiserfahrungen vorliegen, ist besonders auf thermisch robuste Antriebe zu achten. Für Reparatur- und Wartungsarbeiten können die Rührwerke zum Teil über das geöffnete Dach mit einer Hubvorrichtung aus dem Fermenter entnommen werden.

Informationen, inwieweit die Böcke negative Einflüsse auf die sich einstellende Strömung haben, liegen derzeit noch nicht vor.

Stabmixer

Stabmixer werden entweder seitlich durch die Fermenterwand, oder bei Fermentern mit Betondecke durch die Betondecke geführt.

Bei Stabmixern befindet sich der Antrieb außerhalb des Fermenters und ist für Reparatur- und Wartungsarbeiten gut zugänglich. Durch diese Anordnung kommt es selten zu thermischen Problemen mit den meist als Antrieb verwendeten Elektromotoren, die bei dieser Bauart als sehr langlebig gelten. Sie sind allerdings eine Quelle für Schallemissionen. Selten betriebene Rührwerke, z. B. in Gärrestlagerbehälter, werden manchmal statt mit einem Elektromotor mit einem Gelenkwellenanschluss ausgestattet.

Abb. 17 Tauchmotorrührwerk

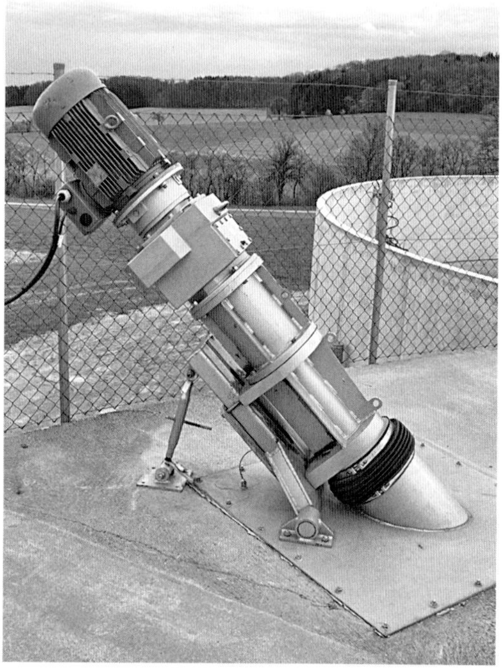

Abb. 18 Langachsrührwerk

Da sich die Rühraggregate auf einer Welle befinden, können sie meist nicht ohne größere Betriebsunterbrechung gewartet werden.

Stabmixer sind bezüglich Einbautiefe, horizontaler und vertikaler Neigung verstellbar, werden aber meist in einer Position fixiert. Für den ordnungsgemäßen Betrieb ist eine Überdeckung mit Gärsubstrat notwendig, für eine Verwendung in Behältern mit wechselnden Füllständen sind sie deshalb weniger geeignet.

Stabmixer werden meist wie die Tauchmotorrührwerke als Schnellläufer gebaut.

Langachs- bzw. Großflügelrührwerke

Langachs- bzw. Großflügelrührwerke werden in der Regel schräg in den Fermenter (s. Abb. 18) eingebaut.

Im Gegensatz zu Tauchmotor- und Stabmixrührwerken sind sie Langsamläufer, die kontinuierlich betrieben werden. Sie gelten hinsichtlich der erreichten Rührwirkung als effektiv, bei geringem Stromverbrauch. In der Regel werden sie in der ersten Vergärungsstufe eingesetzt.

Meist werden sie mit zwei Rühraggregaten auf einer Welle ausgestattet, wobei eines der Rührwerke oberflächennah zur Vermeidung von Schwimmdecken angeordnet wird.

Da die Rühraggregate weder in der Arbeitshöhe noch in der Neigung verstellt werden können, sollten sie bei TM-reichen Substraten immer mit einem bzw. mehreren Tauchmotorrührwerken kombiniert werden. Für den Betrieb ist eine Mindestüberdeckung mit dem Medium erforderlich.

Durch den kontinuierlichen Betrieb kann mit Großflügelrührwerken einer Schwimmdeckenbildung, die sich z. B. vor allem bei trockensubstanzreichen Substraten und bei Tauchmotorrührwerken oft schon in den Rührpausen einstellt, effektiv entgegengewirkt werden.

Durch die niedrige Drehzahl ist weniger Verschleiß an den Rührwerksflügeln zu erwarten als bei Schnellläufern.

Langachsrührwerke werden mit oder ohne Bodenlager angeboten. Bei Varianten mit Bodenlager bedarf dessen Haltbarkeit besonderer Aufmerksamkeit. Vor allem die Bauformen ohne Bodenlager übertragen nicht unerhebliche Kräfte auf die Fermenterwand. Bei Stahlfermentern ist deshalb, ähnlich wie bei Stabmixrührwerken, in der Regel eine außen liegende Stützkonstruktion erforderlich.

Für Reparatur- und Wartungsarbeiten an der Rührwerkswelle und den Rührorganen muss der Fermenter in der Regel geöffnet und mehr oder weniger entleert werden.

Der Antrieb befindet sich außerhalb des Fermenters. Zur besseren Regelung und zum Senken des Energieverbrauchs sollten die Antriebe mit einem Frequenzumrichter ausgerüstet werden.
Die Vor- und Nachteilen dieser Antriebsart sind vergleichbar mit denen der Stabmixrührwerke.

Horizontale Paddelrührwerke

Horizontale Paddelrührwerke werden bereits seit vielen Jahren, häufig bei kleineren Fermentern mit Betondecke verwendet. Sie werden fest im Fermenter platziert und arbeiten mit relativ niedriger Drehzahl an der Substratoberfläche. In der Regel werden sie in der ersten Fermenterstufe eingesetzt.

Systeme mit langen Rührwerksarmen gelten als effektive Rühraggregate, auch bei Suspensionen mit hoher Viskosität, vor allem bei kleineren Fermentern. In der Regel werden horizontale Paddelrührwerke mit Tauchmotor- oder Stabmixrührwerken kombiniert.

Vertikale Paddelrührwerke

Rührwerke dieser Bauart sind erst seit wenigen Jahren auf dem Markt, es liegen kaum Praxiserfahrungen zu deren Effektivtät und Haltbarkeit vor. Immerhin stattet wenigstens ein Generalunternehmer für Biogasanlagen seine Fermenter standardmäßig mit Rührwerken dieser Bauart aus. Als Beweggrund gibt er sehr hohe mögliche Raumbelastungen an. Dies wäre ein Hinweis auf eine sehr gute Rührwirkung mit wenigen Totzonen im Fermenter.

Abb. 19 Zentralrührwerk

Nach den Erläuterungen bei Effenberg, M., Aschmann, C., Helm, M., Müller, J. S. (2012) werden vertikale Paddelrührwerke bei kleinen Fermentern bis zu 14 m Durchmesser auch zentrisch eingebaut. In Fermenter mit größerem Durchmesser werden die auch Axialrührwerke genannten Aggregate exzentrisch angeordnet.

Durch variabel schwimmende Anordnung des oberen Paddelpaares kann auch auf wechselnde Füllstände reagiert werden (Kissel, R., Effenberg, M., Herb, C. (2010). Der Antrieb befindet sich außen, Vor- und Nachteilen sind die gleichen wie die bei den Stabmixrührwerken Genannten.

Vertikale Paddelrührwerke werden in der Betondecke und am Behälterboden verankert. Sie werden als Langsamläufer mit ca. 12–25 U/min betrieben.

Zentralrührwerk

Zentralrührwerke gleichen den oben beschriebenen Langachsrührwerken. Sie werden allerdings nicht durch die Behälterwand geführt, sondern zentriert in den Behälter eingebaut (s. Abb. 19).

Sie sind Langsamläufer (1–14 U/min) mit schonender Rührwirkung und geringem Energieverbrauch und werden vor allem bei Biogasanlagen zur Güllevergärung bzw. für Suspensionen mit nicht zu hohem Trockensubstanzgehalt eingesetzt. Durch die beiden Rührflügel oben und unten entsteht ein in der Fermentermitte nach unten sowie an den Fermenterwänden nach oben gerichteter Substratstrom.

Damit sich diese Strömung ausbilden kann, werden die Zentralrührwerke in der Regel in Verbindung mit relativ hoch bauenden schlanken Stahlbehältern, seltener in Verbindung mit Betonbehältern eingesetzt.

Der Antrieb von Zentralrührwerken befindet sich außerhalb des Fermenters und damit gut schützbar außerhalb eines aggressiven Milieus. Für Reparatur- und Wartungsarbeiten am eigentlichen Rührwerk muss der Fermenter allerdings geöffnet und das Rührwerk mit einem Autokran herausgehoben werden. Das kann zu beträchtlichen Betriebsunterbrechungen führen.

Zentralrührwerke haben außerdem bei sehr trockensubstanzreichem und/oder sehr faserhaltigem Gärgut Probleme, gegen eine entstehende Schwimmschicht wirksam vorzubeugen. Hier bietet sich die Kombination mit einem Tauchmotorrührwerk an.

Gaseindüsung – Pneumatisches Rühren

Hier wird die Durchmischung des Substrats durch Einpressen von Biogas unter hohem Druck über Düsen am Fermenterboden erreicht. Dadurch wird das Gärsubstrat partiell angehoben und schonend vermischt oder eine Strömung im Fermenter erzeugt.

Diese Technik stammt aus dem Klärwerksbau und wird in Einzelfällen bei großen Abfallvergärungsanlagen eingesetzt. In letzterem Fall vor allem wegen des dort auftretenden starken Verschleißes an den herkömmlichen Rührwerksorganen durch Abrasur.

Der Energieaufwand für das Verfahren ist relativ gering. Jedoch ist dafür eine zum Teil aufwendige Technik zur Verdichtung des Biogases notwendig und die Fermenterwände müssen in ihrer Statik an Kräfte, die durch das schnelle Anheben und Absenken der Wassersäule entstehen, angepasst werden. Bei TS-reichen Inputstoffen ist außerdem ein mechanisches Rührwerk zur Vermeidung von Schwimmschichten an der Oberfläche obligatorisch.

Auch wenn die Aufwendungen für Reparatur und Wartung als niedrig eingestuft werden können, erfordert dieses Verfahren doch einen hohen Investitionsbedarf, der einem weit verbreiteten Einsatz in landwirtschaftliche Biogasanlagen im Augenblick entgegensteht.

Inwieweit durch Reaktionen des CO_2-Anteils im Biogas bei der Passage durch das Medium zusätzlich CH_4 gebildet wird, ist bisher nicht belegt.

Umwälzsystem – Hydraulisches Rühren

Beim Umwälzsystem wird der Fermenterinhalt durch die Wirkung einer außen liegenden Pumpe abgezogen und im Umlaufsystem dem Fermenter wieder zugeführt. Dabei kann das Material auch über einen Wärmetauscher geführt werden.

Durch dieses System kann auf Einbauten im Fermenter weitestgehend verzichtet werden. Die Umwälzpumpe kann mit geringem Aufwand gewartet werden, ohne dass das Gassystem geöffnet oder gar der Fermenter entleert werden muss.

Allerdings sind der Energiebedarf und der Verschleiß an der nahezu kontinuierlich laufenden Pumpe nicht unerheblich.

Diese Technik eignet sich zudem nur für homogene Substrate (z. B. Gülleanlagen). Einer Schwimmdeckenbildung kann nur sehr bedingt entgegengewirkt werden, es sei denn, das Gärsubstrat wird auf der Oberfläche gezielt und ggf. mit Druck und geeigneten Düsen aufgebracht.

Heizung

Speziell bei landwirtschaftlichen Biogasanlagen wurden Heizleitungen in der Vergangenheit häufig, ähnlich wie eine Fußbodenheizung, sowohl in der Bodenplatte als auch im Wandbereich im Beton verlegt. Die meisten Hersteller von Betonbehältern übernehmen dafür heute keine Gewährleistung mehr, da weder statische Probleme noch die Bildung von Rissen durch Spannungen (Temperaturunterschiede) ausgeschlossen werden können. Heizungen in der Bodenplatte verlieren zudem durch unvermeidliche Sedimentablagerungen im Laufe der Zeit ihre Wirksamkeit.

Stand der Technik sind heute seitlich im Behälter aufgeständerte Heizungsrohre aus Edelstahl oder geeignetem Kunststoff (s. Abb. 20).

Abb. 20 Seitlich aufgeständerte Fermenterheizung aus PE-Rohren

Abb. 21 Externer Wärmetauscher

Alternativ können bei dünnflüssigen Medien externe Wärmetauscher eingesetzt werden (s. Abb. 21). Für deren Funktion gelten die gleichen Vorgaben wie für Wärmetauscher von Hygienisierungssystemen. Bei trockensubstanzreichem oder langfaserigem Material kann es leicht zu Verstopfungen kommen.

Ähnlich wie beim hydraulischen Rühren sind der Energiebedarf sowie der Verschleiß an der Pumpe zu berücksichtigen.

4.4.3 Pfropfenstromfermenter

Liegende Fermenter in Form einer Röhre oder eines kubischen Behälters (s. Abb. 22) werden auch als Pfropfenstromfermenter bezeichnet. Dem liegt die Vorstellung zugrunde, dass sich das an einer Seite eingebrachte Material wie ein Pfropfen langsam zur Austragsseite hin bewegt und dabei abgebaut wird. Im Gegensatz zum Rührkesselfermenter bedeutet dies eine längere effektive Verweilzeit, damit höhere Abbauraten mit höheren Gaserträgen und das Vermeiden von Kurzschlussströmungen. Letzteres ist vor allem dann von Bedeutung, wenn über die Fermentation eine Hygienisierung erreicht werden soll.

Untersuchungen mit markierten Substanzen haben jedoch gezeigt, dass gelöste Stoffe auch bei Pfropfenstromfermentern innerhalb weniger Stunden am Ausgang nachgewiesen werden können. Feststoffe benötigen hingegen im Vergleich zum Rührkesselfermenter deutlich länger, bis sie wieder ausgetragen werden. Bei einem Verfahren der

Trockenfermentation mit Pfropfenstromfermenter wurde das erste Material nach zwei Tagen am Abfluss festgestellt. Nach Ablauf der hydraulischen Verweilzeit waren allerdings erst 50 % der markierten Menge am Ablauf beobachtet worden (Marciniszyn 2004).

Pfropfenstromfermenter besitzen entweder Längswellen- oder quer eingebaute Haspelrührwerke.

Bei Längswellenrührwerken werden die Rührwerksarme in engem Abstand auf der Welle angebracht, sie können bis zur Fermenterwand reichen. Dadurch wird der gesamte Faulraum gut durchmischt, es gibt kaum Totzonen und somit können diese Fermenter mit vergleichsweise deutlich höherer Raumbelastung gefahren werden.

Pfropfenstromfermenter zeigen ihre Vorteile vor allem bei TM-reichen Substraten. Stoffe die aufschwimmen werden umgehend wieder eingemischt. Der Bildung starker Schwimmschichten kann damit sehr gut vorgebeugt werden.

Bei liegenden Fermentern können die Rührwerksarme zudem so ausgebildet werden, dass sie Sedimente zu einem Austragssystem hin transportieren (s. Abb. 23).

Bei größeren Fermentern werden häufig statt eines einzigen Längswellen-Rührwerks zwei Rührwerke mit einer kürzeren Welle eingesetzt, um die statischen und dynamischen Belastungen der Welle zu

Abb. 22 Pfropfenstromfermenter mit quer eingebauten Rührwerken

reduzieren. In der Vergangenheit ist es nämlich nicht selten zu Rührwerksbrüchen gekommen.

Die Rührwerke sind das heikelste Bauteil im liegenden Fermenter. Sie müssen in der Lage sein, auch nach einem Stillstand von mehreren Stunden die zwischenzeitlich aufgebauten Schwimm- und Sedimentschichten zu durchdringen. Besondere Beachtung sollte darüber hinaus dem Durchtritt der Rührwelle durch den Fermenter geschenkt werden: Durch ein geeignetes Dichtsystem und eine verspannungsfreie Lagerung (z. B. mittels Gelenkwellen) kann möglichen Undichtigkeiten an dieser Stelle vorgebeugt werden.

Auch die Längswellenrührwerke im liegenden Fermenter laufen meist kontinuierlich und langsam z. B. mit 1–3 Umdrehungen je Minute. Dadurch sind der Energieverbrauch und die Belastung der Mikroorganismen durch Scherkräfte sehr gering.

Damit keine ungleichmäßigen Sedimentationszonen entstehen, die die Rührwerksarme gefährden, sollten sich im Bodenbereich des Fermenters keine Einbauten befinden. Ein ggf. vorgesehenes Sedimentaustragsystem sollte ebenfalls ohne bewegliche Teile wie Schnecken etc. auskommen. Bewährt haben sich entsprechende Paddelarme und ein Auslassschlitz, der über einen abgeschieberten Auslass in eine Sedimentgrube mündet. Wöchentliches Öffnen des Schiebers ist in der Regel ausreichend, um die Sedimente abzulassen, die dann in einem mehrwöchigen Turnus aus der Sammelgrube abgesaugt werden können.

Entsprechend ausgerüstete Fermenter eignen sich besonders zur Vergärung sand- und kiesreicher Inputstoffe wie Bioabfälle aus Haushalten oder Geflügelkot.

Einer Sedimentation im Pfropfenstromfermenter kann auch effektiv entgegengewirkt werden, wenn er mit hohem TS-Anteil gefahren wird. Der Auftrieb der organischen Substanz wirkt der Sedimentation entgegen.

Bei quer eingebauten Haspelrührwerken sind mehrere quer zur Strömung angeordnete Rührwerke vorhanden. Damit werden mechanische Belastungen wie sie bei Längsrührwerken entstehen vermieden, es ergibt sich aber ein höherer konstruktiver Aufwand. Außerdem benötigt jede Haspel einen eigenen Antrieb.

Sowohl bei Längs- als auch bei Haspelrührwerken liegen die Antriebe außen, Vor- und Nachteilen dieser Antriebsart sind vergleichbar mit denen der Stabmixrührwerke.

Im Gegensatz zum Rührkesselfermenter erlauben Pfropfenstromfermenter mit Längs- oder Haspelrührwerk, je nach Antriebsleistung und Auslegung, auch den Betrieb bei TS von 25 % und mehr. Der hohe Anteil an Trockensubstanz bewirkt eine höhere Pufferkapazität, so dass bei diesem System auch aus diesem Grund mit einer höheren Raumbelastung als im Rührkessel gefahren werden kann. Je nach System

Abb. 23 Pfropfenstromfermenter mit Längswellenrührwerk

und Material sind Raumbelastungen bis über 7 kg oTS/m³ × d möglich. Damit benötigt man für Pfropfenstromfermenter vergleichsweise kleine Behältervolumina.

Pfropfenstromfermenter werden entweder aus Stahl oder aus Beton, gelegentlich aus Beton mit Stahlauskleidung gebaut.

4.4.4 Perkolationsfermenter

Bei Perkolationsfermentern wird das zu vergärende Material perkoliert, d. h. mit Flüssigkeit durchsickert. Das Sickerwasser (Perkolat) wird im Kreislaufverfahren wieder rückgeführt.

Über das Perkolat werden dem Gärgut Wärme, Nährstoffe und Bakterien zugeführt. Die Perkolation ersetzt also die Durchmischung mit Rührwerken.

Damit das Perkolat das Gärmaterial gut durchdringen kann, muss dieses locker lagern und ausreichend Porenvolumen besitzen.

Perkolationsverfahren werden meist in sogenannten „Garagenverfahren" eingesetzt, d. h. es werden Boxen mit dem zu vergärenden Material beschickt und anschließend perkoliert. Um dabei einen kontinuierlichen Anlagenbetrieb zu erreichen, müssen mehrere Boxen parallel betrieben werden, die sich dann in verschiedenen Phasen befinden.

Für die Vergärung nachwachsender Rohstoffe haben sich Perkolationsverfahren (Garagenverfahren) bisher nicht durchsetzen können (DBFZ 2012).

Als Gründe dafür können angeführt werden:

- Hauptsächlich die vergleichsweise geringen Biogas- und Methanerträge aus den Inputstoffen, die vermutlich von den suboptimalen

Vergärungsbedingungen herrühren. Bei den heutigen Substratpreisen ist das ein erheblicher Faktor für die Wirtschaftlichkeit.
- Der hohe Bedarf an strukturgebendem Material, um eine gute Perkolation zu erreichen
- Der hohe Bedarf an Rezirkulat bzw. Impfmaterial
- Die großen Mengen an Schwachgas mit niedrigem Methangehalt, die aus den Startphasen und beim Spülen vor dem Entleeren entstehen
- Die schwierige Lager- und Verwertbarkeit des festen Gärrests
- Emissionen von Geruchsstoffen und klimaschädlichen Gasen beim Vorbereiten der Inputmischungen sowie aus dem Gärrest

Vor diesem Hintergrund kommen die Vorteile wie
- der Einsatz schüttfähiger Inputstoffe,
- kompakte Bauweise,
- kein störanfälliges Eintragsystem erforderlich,
- keine verschleißanfällige Rührtechnik

kaum zum Tragen.

Beim Energieverbrauch ist zwar von einem geringeren Verbrauch von Strom auszugehen, sofern keine aufwändige Ablufterfassung und -reinigung erforderlich ist. Dafür ist aber mit einem höheren Kraftstoffverbrauch für den Radlader zu rechnen.

Auch hinsichtlich des Arbeitsaufwandes und der Kosten sind keine signifikanten Unterschiede zu anderen Verfahren zu erkennen (FNR 2009).

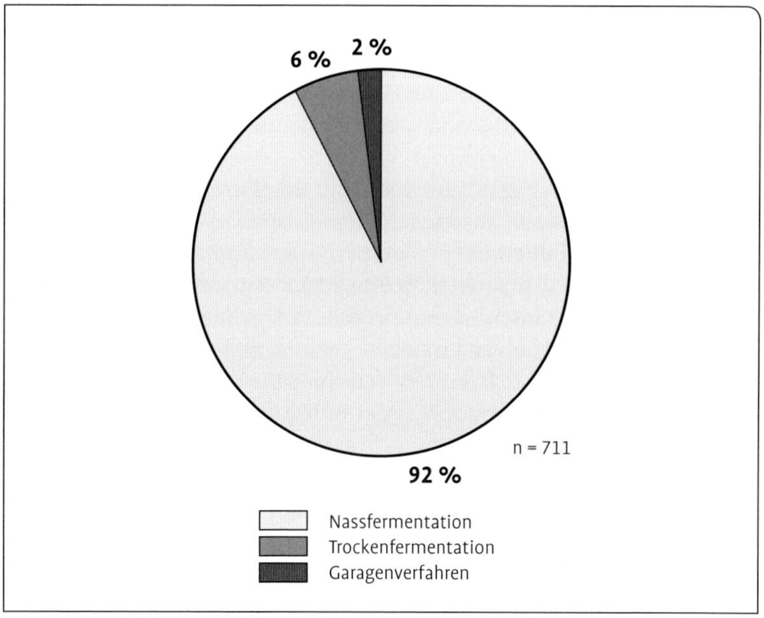

Abb. 24 Anteil der Anlagen mit Perkolations- bzw. Garagenverfahren (DBFZ 2012)

4.5 Einphasige – zweiphasige Systeme

Finden Hydrolyse und Methanbildung zusammen in einem Behälter statt, spricht man von einphasigen, werden sie räumlich getrennt von zweiphasigen Systemen.

Zweiphasige Systeme bieten die Möglichkeit für die beiden Teilschritte Stofflösung und Versäuerung einerseits sowie Methanisierung andererseits jeweils ideale Bedingungen zu schaffen: Die hydrolytischen bzw. säureabbauenden Mikroorganismen erreichen ihr Wirkungsoptimum im sauren Bereich mit einem pH von 6,4 bei Temperaturen um 30 °C bei hoher Temperaturtoleranz (DORNACK 2001), die Methanbildner dagegen bei pH 7 und mesophilem oder thermophilem Temperaturniveau. Von dieser Optimierung der Milieubedingungen durch die Zweiphasigkeit werden kurze Verweilzeiten oder höhere Gasausbeuten erwartet, die die Wirtschaftlichkeit des Verfahrens verbessern sollen.

Dem muss allerdings der höhere bau- und steuerungstechnische Aufwand der zweiphasigen Anlagen gegenübergestellt werden. Außerdem finden die einzelnen Schritte von der Hydrolyse bis zur Methanbildung oftmals in symbiotischen Lebensgemeinschaften in Flocken in nächster räumlicher Nähe statt. Damit ist eine räumliche Trennbarkeit dieser beiden Stufen in vielen Fällen praktisch nur schwer durchführbar. Dies gilt besonders dann, wenn sehr heterogen zusammengesetzte Stoffgemische mit sowohl schnell als auch langsam abbaubaren Komponenten (z. B. Bioabfall aus dem Haushalt) vergoren werden.

Umgekehrt erscheint eine Hydrolyse schnell abbaubarer und damit schnell versäuernder Stoffe interessant und wichtig: Hier kann durch die räumliche Trennung einer Versäuerung der Methanisierungsstufe effektiv entgegengewirkt werden. Damit steigt die Betriebssicherheit der Anlage.

Als Fazit kann damit festgehalten werden, dass eine zweiphasige Anlage nur bei der Vergärung homogener leicht abbaubarer Stoffe wirkliche Vorteile verspricht.

Ein weiterer Effekt einer getrennten Hydrolysestufe soll nicht unerwähnt bleiben: Während der Hydrolyse wird bereits ein Großteil des Schwefelwasserstoffs gebildet. Dieses methanarme und kohlendioxidreiche Hydrolysegas kann getrennt erfasst und z. B. über einen Biofilter gereinigt werden. Bei schlecht gesteuerter Hydrolyse mit z. B. einer zu langen Verweilzeit oder bei der Verwendung von Recyclat aus dem Fermenter besteht allerdings die Gefahr, dass bereits in der Hydrolysestufe Methan entsteht, das dann nicht mehr genutzt werden kann.

Bei NawaRo-Anlagen haben sich Hydrolysestufen in der Praxis nicht durchgesetzt. Bei den dort hauptsächlich vergorenen Silagen machen sie wenig Sinn. Im Gegenteil, sie verteuern die Anlagen und machen sie störanfälliger. Für Biogasanlagen, die im Wesentlichen mit Getreidekörnern beschickt werden oder bei Abfallvergärungsanlagen, die vor allem schnell abbaubare Stoffe vergären, könnte eine Hydrolysestufe dagegen entscheidend zur Betriebssicherheit beitragen.

4.6 Einstufige – zweistufige Systeme

Von zweistufigen Systemen spricht man, wenn zwei Fermenter in Reihe geschaltet werden.

Wie die Ergebnisse im Biogasmessprogramm II (FNR 2009) gezeigt haben, nimmt die Streuung hinsichtlich der spezifischen Stromproduktion bei Verweilzeiten im Gesamtsystem (Fermenter und Nachgärer) unter ca. 100 Tagen deutlich zu. Dabei sind einstufige Anlagen stärker von niedrigeren Gaserträgen betroffen als zweistufige (s. Abb. 25).

Analog dazu verhält sich das Restgaspotential: Hier steigt die Streuung bei Verweilzeiten von weniger als ca. 100 Tagen im Gesamtsystem (Fermenter und Nachgärer) deutlich an, wobei wiederum die mehrstufigen Anlagen eher niedrigere Restgaspotentiale aufweisen als die einstufigen (s. Abb. 26)

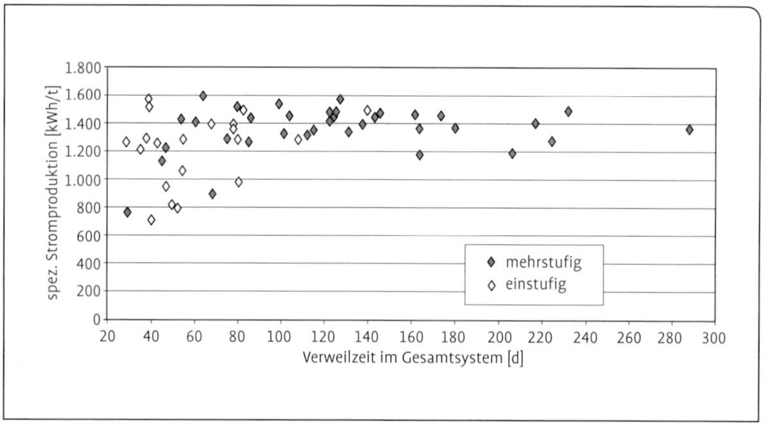

Abb. 25 Zusammenhang zwischen der Verweilzeit im Gesamtsystem und der spezifischen Stromproduktion pro t oTR (FNR 2009)

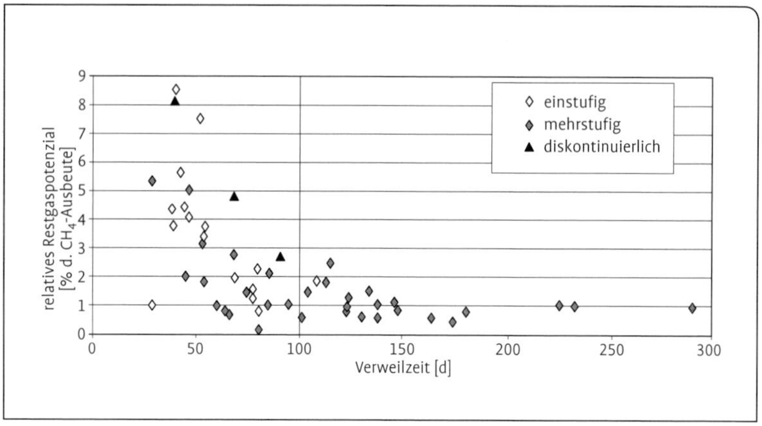

Abb. 26 Zusammenhang zwischen relativem Restgaspotential (20–22 °C) und der hydraulischen Verweilzeit (FNR 2009)

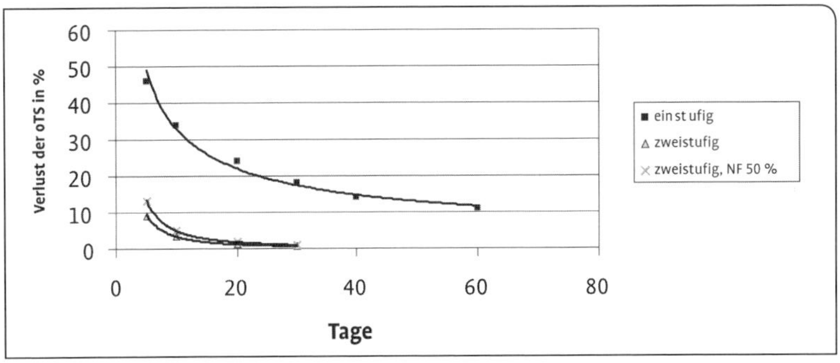

Abb. 27 Verluste unvergorener organischer Substanz beim volldurchmischten Rührkesselfermenter bei der Vergärung von Roggenschrot

Durch eine Mehrstufigkeit können vor allem bei Rührkesselfermentern die Verlustraten (Kurzschlussströmung unvergorenen Materials) reduziert werden. Abbildung 27 veranschaulicht diesen Effekt. Unter der Annahme eines volldurchmischten Fermenters sind in Abhängigkeit von der Verweilzeit die Verluste bei einer einstufigen Anlage doch enorm. Eine zweite Stufe führt zu einer deutlichen Reduzierung der Verluste. Dabei kann der Nachfermenter deutlich kleiner sein (hier 50 % des Volumens des Hauptfermenters), um nahezu den gleichen Effekt zu erreichen. Da im Hauptfermenter bereits ein Großteil des Abbaus der organischen Substanz stattfindet, ist die Raumbelastung des Nachfermenters deutlich geringer, was ebenfalls eine angepasste Volumenreduzierung rechtfertigt.

Werden die beiden Fermenter zusätzlich mit Gasspeicherdächern ausgestattet, steigt zusätzlich das nutzbare Gasspeichervolumen.

4.7 Gassystem und Gasreinigung

Zu sicherheitstechnischen Aspekten des Gassystems von Biogasanlagen wird auf die Sicherheitsregeln für landwirtschaftliche Biogasanlagen, die DVGW-Richtlinien und die VDI 3475 Blatt I und II verwiesen.

Aus verfahrenstechnischer Sicht kommt der Gasaufbereitung bzw. Reinigung eine große Bedeutung zu: Biogas ist beim Austritt aus dem Fermenter wasserdampfgesättigt, es hat einen CO_2-Anteil von bis zu 60 Vol.-% und enthält eine Vielzahl von Spurengasen wie H_2S und NH_3, sowie Intermediärprodukte aus den biologischen Prozessen, wie z. B. organische Säuren.

Viele dieser Begleitstoffe können den Motor des BHKW schädigen und müssen deshalb entfernt werden.

Die einfachste Form der Biogasreinigung ist die Trocknung, da viele Spurengase dabei im Kondensat ausfallen, allen voran NH_4. Die Trocknung kann sowohl durch im Erdreich verlegte Kühlschlangen, oder durch ein technisches Trocknungssystem erfolgen. Heute ist bei Leistungsklassen ab ca. 250 kW_{el} aufwärts eine technische Trocknung bereits Stand der Technik, da die Motoren sehr wertvoll, leistungsfähig und empfindlich sind.

Tab. 7 Einsatzhäufigkeit der Verfahren zur Gasreinigung/-entschwefelung, (Mehrfachnennungen möglich) (DBFZ 2012)

	Zugabe von Luftsauerstoff (Fermenter)	Aktivkohle	Sulfidfällung	Externe biologische Entschwefelung	sonstige Verfahren
Anzahl der Rückmeldungen	591	268	212	41	8
Anteil der Rückmeldungen (%) (n=694)	85,2	38,6	30,5	5,9	1,2

Ein weiterer Standard ist die Entschwefelung: Sie kann auf verschiedenen biologischen oder chemischen Wegen erfolgen. Verbreitet sind dabei:
- Chemische Sorption durch Eisenoxide bzw. Eisenhydroxide
- Entschwefelung mit Aktivkohle
- Biologische Entschwefelung

Am weitesten verbreitet sind Verfahren der biologischen Entschwefelung (s. Tab. 7). Dazu wird entweder in den Fermenter oder in einen externen Entschwefelungsbehälter dosiert sauerstoffhaltige Umgebungsluft eingeblasen. Im Fermenter bzw. im Entschwefelungsbehälter oxidieren allgegenwärtig vorkommende Mikroorganismen den Schwefelwasserstoff zu Schwefel. Dieser wird mit dem Gärreststoff des Fermenters bzw. der Nährflüssigkeit der Entschwefelung aus dem System ausgetragen.

Sowohl bei der Entschwefelung im Fermenter als auch bei der Entschwefelung im externen System ist es wichtig, dass die Menge der zugeführten Luft dem Biogasvolumenstrom angepasst wird: Zuviel Sauerstoff birgt das Risiko der Bildung einer explosiven Atmosphäre (Biogas ist explosionsfähig bei 6–12 Vol-% O_2 im Biogas), zu wenig Sauerstoff reduziert die Entschwefelungsleistung.

Die externe Entschwefelung bietet den Vorteil eines besser steuer- und überwachbaren Systems und damit eines höheren Abscheidegrades, vor allem bei schwefelreichen Stoffen, wie z. B. bei Ausgangsstoffen mit hohem Proteinanteil. Dies sollte besonders bei der Abfallvergärung beachtet werden. Bei den Anlagen zur Vergärung von nachwachsenden Rohstoffen mit mehr oder weniger Gülle ist in der Regel das System der Entschwefelung im Fermenter ausreichend.

Bei der Entschwefelung im Fermenter ist darauf zu achten, dass die als Koprodukt entstehende schwefelige Säure bzw. Schwefelsäure nicht zur Korrosion an den Fermenterwänden führt. Zum Schutz sind geeignete Materialien, Anstriche, Auskleidungen oder Beschichtungen der empfindlichen Teile im Gasraum erforderlich.

Beiden biologischen Systemen ist zu Eigen, dass sie Adaptionsphasen an wechselnde Schwefelfrachten benötigen.

Abb. 28 Externe biologische Entschwefelung

Die chemischen Methoden bieten in der Regel eine noch bessere Effektivität, sind allerdings wegen des kontinuierlichen Verbrauchs teurer. Sie kommen im NawaRo-Bereich vor allem dann zum Einsatz, wenn das Biogas zu Biomethan aufbereitet und in das Erdgasnetz eingespeist werden soll, weil hier die Sauerstoff- und Stickstofffrachten störend wären. Dabei werden meistens Eisenoxide oder -hydroxide dem Inputmaterial zugegeben. Dies kann auch bei Anlagen mit biologischer Entschwefelung für Notfälle (Ausfall der biologischen Entschwefelung, kurzfristige Verarbeitung stark schwefelhaltiger Inputstoffe) im Einzelfall sinnvoll sein.

4.8 Gasspeicher

Das entstehende Biogas muss gesammelt und gleichmäßig an das BHKW weitergegeben werden. Da einerseits die Biogasproduktion schwanken, andererseits das BHKW z. B. wartungsbedingt nicht ständig Gas verwerten kann, ist ein Biogasspeicher zum Ausgleich erforderlich. Durch den Speicher findet außerdem eine Homogenisierung des Biogases statt.

Um Stillstandszeiten des BHKW zu überbrücken, sind möglichst große Speichervolumina wünschenswert. Dabei stößt man aus Platz- und/oder Kostengründen sehr schnell an Grenzen. In der Praxis werden meistens Gasspeicher gebaut, die die Gasproduktion von ca. 2–4 h abpuffern können. Die einfachste Möglichkeit der Gasspeicherung bietet bei Rührkesselfermentern der Einbau eines Gasspeicherdaches anstatt einer Betondecke. Relevant ist dabei nur das tatsächliche variable Gasspeichervolumen, das sich von Hersteller zu Hersteller stark

Abb. 29 Externer Gasspeicher

unterscheiden kann. Darüber hinaus kann durch externe Kugel- oder Kissenspeicher zusätzliches Volumen geschaffen werden.

4.9 BHKW

Für den Verbrennungsmotor des BHKW stehen zwei unterschiedliche Konzepte zur Verfügung: Zündstrahl- oder Gasmotoren.

Zündstrahlmotoren sind weniger empfindlich gegenüber Schwankungen der Gasqualität, haben in kleinen Leistungsklassen relativ hohe Wirkungsgrade, benötigen aber eine Stützfeuerung und sind nicht so langlebig wie Gas(Otto)-Motoren.

Tab. 8 Einsatz von Gas-Otto-Motoren und Zündstrahlmotoren zur Verstromung des Biogases (DBFZ 2012)

installierte elektrische Anlagenleistung (kWel) *	mittlere installierte elektrische Anlagenleistung (kWel)		Anteil an der installierten elektrischen Anlagenleistung (kWel)	
	Gas-Otto-Motor	Zündstrahl-motor	Gas-Otto-Motor	Zündstrahl-motor
≤ 70	41	43	65,4	34,6
71–150	111	106	62,6	37,4
151–500	262	249	74,7	25,3
501–1 000	548	0	100,0	0,0
>1 000	1 562	0	100,0	0,0
Gesamt	308	190	82,7	7,3

* installiert Gesamtleistung am Anlagenstandort

Tab. 9 Mittlere Betriebsstundenzahl in Abhängigkeit vom Zeitpunkt der Inbetriebnahme einer Anlage (nach DBFZ 2012)

Jahr der Inbetriebnahme	mittlere Betriebsstundenzahl (h/a)
vor 2000	6911
2000–2003	7801
2004–2008	8245
2009–2010	8273
Gesamt	**8058**

Gas(Otto)-Motoren liegen vor allem bei kleinen Leistungsklassen im Investitionsbedarf deutlich höher, haben erst ab ca. 300–500 kW_{el} bessere Wirkungsgrade als vergleichbare Zündstrahlaggregate und sind deutlich langlebiger. Zurzeit liegt die Grenze ab der die Vorteile von Gasmotoren überwiegen bei ca. 200–300 kW_{el}.

Bei den bestehenden Anlagen überwiegen Gasmotoren gegenüber Zündstrahlmotoren (s. Tab. 8)

Nur bei optimaler Wartung ist nach eigenen Erfahrungswerten des Autors mit bis zu max. 8322 Betriebsstunden pro Jahr für das BHKW zu rechnen. In der Praxis liegen die mittleren Betriebsstundenzahlen darunter (s. Tab. 9).

4.10 ORC – Organic-Rankine-Cycle

Das EEG 2012 nennt als zulässige Möglichkeit zur Nutzung der Abwärme ORC (Organic-Rankine-Cycle) Anlagen.

Bei ORC-Anlagen wird in der Regel durch die Abwärme des BHKWs ein Thermoöl erhitzt, um eine Turbine anzutreiben, die ihrerseits Strom erzeugt. Man spricht deshalb hier auch von einer nachverstromenden Einheit.

Bisher sind wenige dieser ORC-Anlagen in Betrieb und es liegen damit kaum Erfahrungsberichte aus der Praxis vor. Ursache für die geringe Verbreitung dürfte hauptsächlich der enorme Investitionsbedarf bei relativ bescheidenen elektrischen Leistungen der ORC-Anlagen sein.

4.11 Gasfackel

Biogas enthält Methan und CO_2 als klimarelevante Komponenten. Außerdem ist das Biogas übel riechend. Biogasanlagen sollten deshalb kein Gas ungereinigt bzw. unverbrannt abblasen. Das bedeutet, eine Gasfackel muss vorgehalten werden. Dabei gibt es verschiedene Ausführungen bezüglich des Zündungsautomatismus, der Notstromversorgung sowie der Brenntemperatur und Verweilzeit in der Brennkammer.

Abb. 30 Gasfackel

Da es sich bei den Gasfackeln bei Biogasanlagen um Notfackeln handelt, die nur wenige Stunden im Jahr in Betrieb sind, erscheinen nach Auffassung des Autors Forderungen einer TA-Luft-gerechten Fackel überzogen.

Um Missverständnissen im Hinblick auf Nachbarn oder Passanten (offenes Feuer) vorzubeugen, sollten an einsehbaren Standorten Fackeln mit verdeckter Flamme verwendet werden.

4.12 Gärreststoffaufbereitung und -lagerung

Mit Ausnahme von Perkolationsanlagen, die bisher keine wesentliche Praxisrelevanz haben, ist der Output aus Biogasanlagen flüssig. Zur Verwertung bietet sich daher primär eine direkte landwirtschaftliche Verwertung als Flüssigdünger an.

Fehlen nahe gelegene landwirtschaftliche Verwertungsmöglichkeiten (z. B. wegen nicht weiter aufnahmefähiger Nährstoffkreisläufe des Betriebes), oder handelt es sich um Stoffe, für die ein Inverkehrbringen nach der Düngemittel-Verordnung nicht möglich ist, kann es notwendig werden, den Gärrest weiter aufzubereiten.

Dabei kann die Volumenreduzierung zur Verringerung der Transportkosten ein wichtiges Ziel sein. Hierfür können verschiedene Trocknungsverfahren eingesetzt werden, z. B. Trommeltrockner, Vakuumtrockner und Schubwendetrockner. Die Gärresttrocknung zur Herstellung von Düngemitteln ist außerdem eine Wärmenutzung im Sinne des EEG 2012.

Da die Abwärme aus dem BHKW in der Regel nicht ausreicht, um aus dem gesamten flüssigen Gärrest einer Biogasanlage ein schüttfähiges Gut herzustellen, wird der Gärrest bei den meisten Trocknungsverfahren zuerst entwässert (über Pressschneckenseparatoren, bei Abfallvergärungsanlagen auch Zentrifugen und Dekanter). Der Feststoff wird anschließend dem Trockner zugeführt.

Beim Trocknen wird Wasser verdunstet. Mit dem austretenden Wasserdampf verflüchtigen sich auch Geruchstoffe und Ammoniak, so dass eine entsprechende Abluftreinigung vorzusehen ist.

Ein anderer Aufbereitungsweg ist die Gärreststoffreinigung im Sinne einer Abwasserreinigung, um direkt- oder indirekteinleitfähige Stoffe zu erzeugen. Dazu stehen klassische chemisch-physikalische Aufbereitungsverfahren mit Umkehrosmose und Ultrafiltration zur Verfugung, die in der Regel nach einer ersten Fest-/Flüssigtrennung geschaltet werden.

Abb. 31 Pressschneckenseparator

Wegen der Restgasemissionen sind neu zu errichtende Gärrestlager heute geschlossen mit Gaserfassung und Gasnutzung auszuführen.
Es ist eine durchschnittliche hydraulische Verweilzeit von mindestens 150 Tagen im gasdichten und an die Gasverwertung angeschlossenen System (Fermenter und Gärrestlager) einzuhalten. Entsprechende Regelungen finden sich in der VDI 3475 Blatt 4 und im EEG 2012 als Voraussetzung für eine Vergütung. Für bestehende Gärrestlager gilt nach der VDI 3475 Blatt 4:

- Bei einer durchschnittlichen hydraulischen Verweilzeit von mindestens 110 Tagen im Fermentersystem kann auf eine gasdichte Abdeckung verzichtet werden.
- Bei einer durchschnittlichen hydraulischen Verweilzeit von weniger als 110 Tagen im Fermentersystem ist eine Gesamtverweilzeit von mindestens 150 Tagen im gasdichten und an die Gasverwertung angeschlossenen System vorzusehen.
- Auf die Einhaltung der genannten hydraulischen Mindestverweilzeiten und die Lagerung im gasdichten System kann verzichtet werden, wenn nachgewiesen wird, dass die Restmethanbildung pro Stunde kleiner als 1,5 % der in der Biogasanlage pro Stunde gebildeten Methanmenge ist. Bei der Berechung dieses Wertes ist von Nm^3 auszugehen, die Restmethanbildung ist bei 20 °C und über einen Zeitraum von 60 Tagen zu ermitteln.

Für Biogasanlagen, die nur Gülle im Sinne von § 2 Satz 1 Nr. 4 des DüngG in der Fassung vom 09.01.09 verarbeiten (Gülle mit Futterresten), sind zur Vermeidung von Methanemissionen grundsätzlich keine hydraulischen Mindestverweilzeiten und keine gasdichten Gärrestlagerabdeckungen erforderlich.
Bei diesen Regelungen gibt es folgende Praxisprobleme:

- Die Ausnahmeregelungen für Gülleanlagen gelten nur, wenn tatsächlich Gülle verarbeitet wird. Sie gelten nicht für Festmist oder Jauche, obwohl es fachlich-sachlich hinsichtlich des Immissionsschutzes keinen Grund für eine Differenzierung zwischen diesen Wirtschaftsdüngerarten gibt.
- Die Regelungen der VDI 3475-4 wurden offensichtlich in Hinblick auf Nassvergärungsanlagen erstellt. Gasdichte Lager für festen Gärrest, wie er z. B. durch die Separierung bei Nass- oder Trockenfermentationsanlagen, oder bei Feststoffvergärungsanlagen entsteht, sind technisch kaum machbar. Da bei einer schnellen Aerobisierung des festen Gärrests die Methanbildung sehr schnell abnimmt, sind sie in diesen Fällen auch nicht notwendig, um die Emissionen von Treibhausgasen wirksam zu vermeiden.
- Bei der Berechnung der für die vorgegebenen Verweilzeiten notwendigen Behältergrößen werden seitens der Genehmigungsbehörden in einigen Fällen die Massen-/bzw. Volumenverluste durch den

Abbau der organischen Substanz nicht berücksichtigt. Auch hinsichtlich der Umrechnung von Masse zu Volumen bestehen oft Unsicherheiten. Praxisüblich ist es, von einem Volumengewicht von 1 t/m^3 auszugehen.

4.13 MSR-Technik

In den letzten 10 Jahren gab es im Bereich der Mess-, Steuer- und Regelungstechnik (MSR) bei NawaRo-Biogasanlagen große Entwicklungen. Während z. B. Pumpen und Rührwerke früher oft nur über Handschalter und Zeitschaltuhren gesteuert wurden, sind heute PC- bzw. SPS-geführte Systeme Standard.

Alleine für die Nachweisführung nach dem EEG, um z. B. den Güllebonus oder die Vergütungszuschläge für Strom aus unterschiedlichen Einsatzstoffvergütungsklassen zu erhalten, ist es notwendig, die täglich zugeführten Inputstoffe zu erfassen. Da Wiegesysteme an Radladern nach den Erfahrungen des Autors keine zuverlässigen Daten liefern sind also besser die Eintragsysteme, z. B. die Bunker mit geeigneter Wiegetechnik auszustatten. Dabei ist darauf zu achten, dass keine Beeinflussung der Sensoren durch die Fördergeräte (z. B. Schnecken) erfolgt.

Die Zufuhr flüssiger Inputstoffe kann entweder über Füllstandsensoren in den Behältern oder Durchflussmesser gemessen bzw. geregelt werden. Wegen der bei den hier verbreiteten Medien vorhandenen klumpigen oder faserigen Inhaltsstoffen, scheiden mechanische Durchflussmesser aus. Auch Ultraschall-Durchflussmesser gelten als störanfällig. Stattdessen sind magnetisch-induktive Durchflussmesser zu empfehlen (Effenberg, M., Aschmann, C., Helm, M., Müller, J. S., 2012).

Alle Behälter sollten mit Füllstandsensoren sowie zusätzlich mit Grenzstandwächtern zur Vermeidung von Überfüllung bzw. Leerlauf ausgerüstet werden. Für die Füllstandsmessung haben sich hydrostatische, Ultraschall- oder Radar-Messsonden bewährt. Schwimmschalter sind wegen der Gefahr der Blockierung durch Verunreinigungen etc. für feststoffhaltige Medien weniger geeignet.

Alle Behälter in denen temperatursensible Prozesse ablaufen, wie Fermenter und Nachgärer, etc. sollten mit wenigstens einem, besser 2–3 Temperatursensoren ausgerüstet werden.

Auf Online-pH-Messungen kann verzichtet werden, da aufgrund des gepufferten Millieus in der Regel keine kurzfristigen pH-Wert-Schwankungen auftreten.

Zur Überwachung einzelner Aggregate, um z. B. rechtzeitig sich anbahnende Überlastungen an Antrieben zu erkennen, sollte die Stromaufnahme an diesen Stellen kontinuierlich überwacht werden.

Auch die Überwachung von Drücken in Leitungen kann bei komplizierteren Anlagenkonstellationen bzw. in Substrat führenden Leitungen zwischen zwei Schiebern notwendig sein.

Um das BHKW möglichst immer im Optimalbereich betreiben zu können und Gasverluste über die Gasfackel zu vermeiden, verdient die Füllstandsüberwachung in den Gasspeichern besondere Beachtung. Hierfür stehen mechanische Verfahren (z. B. über Seillängenmessung) oder z. B. Ultraschallsensoren zur Verfügung.

Problematisch bei der Ermittlung des exakten Füllstands ist häufig die ungleichmäßig einknickende Folie des Gasspeichers. In der Praxis werden Gasspeicher deshalb häufig nur bis ca. 50 % leer gefahren, um dem BHKW immer ausreichend Biogas zur Verfügung stellen zu können. Dies verringert andererseits aber das freie Speichervolumen, das beim Ausfall der Gasverwertungseinrichtungen zur Verfügung steht.

Ein weiterer wichtiger Punkt ist die Überwachung der Gasqualität. Dabei ist heute die Verwendung fest installierter Geräte Stand der Technik. Es sollten zumindest die CH_4, die CO_2 und die H_2S-Konzentrationen erfasst werden. Dabei ist es für die Kontrollfunktion wichtig, dass es für CO_2 und CH_4 jeweils eigenständige Sensoren gibt. Idealerweise sollte die Gaszusammensetzung an verschiedenen Punkten messbar sein, z. B. am Fermenter, am Nachgärer und am Gärrestlager, um möglichen Störungen schneller und gezielter auf die Spur zu kommen.

Auf eine H_2-Messung kann verzichtet werden, da die Messwerte nur schwer zu interpretieren sind.

Damit die Anzeigewerte überprüft werden können, sollte eine Kalibriereinrichtung zur Verfügung stehen.

Die Gasvolumenstrommessung von Rohgas ist und bleibt ein problematisches Feld. Nach wie vor sind dem Autor keine eichfähigen Messsysteme dafür bekannt. Entsprechend unterschiedlich sind die Erfahrungen zur Genauigkeit der angezeigten Werte. Vorraussetzung für eine einigermaßen genaue Messung ist aber in jedem Fall der richtige Einbau der Sensoren nach den Angaben der Hersteller. Dabei ist besonders auf die notwendigen Mindestabstände zu Bögen etc. zu achten. Bei der Interpretation der Messergebnisse ist außerdem zu prüfen, ob Betriebs- oder Normkubikmeter angezeigt werden.

Für die Einspeisung von Biomethan in das Erdgasnetz ist eine gesonderte eichfähige Messtechnik zur Überwachung des Gasvolumenstroms und der Gasparameter erforderlich.

Vertiefende Informationen zum Thema „Messtechnische Ausstattung" von Biogasanlagen finden sich bei Effenberg, M., Aschmann, C., Helm, M., Müller, J. S. 2012.

5 Besonderheiten bei Bioabfällen und Speiseresten

Dipl.-Ing. (FH) Benjamin Reis, Dr. Markus Helm,
Prof. Dr.-Ing. Uwe Görisch

Einleitung

Die Zusammensetzung von vergärbarem Inputmaterial für den Betrieb einer Biogasanlage kann stark variieren. Je nach lokaler Verfügbarkeit werden Abfälle aus der Landwirtschaft (z. B. Gülle, Mist), Agroindustrie (z. B. Abfälle von Molkereien, Obstsaftproduzenten, Brauereien), Industrie, Gewerbe und Handel (z. B. Fettabscheiderinhalte, Speisereste, Backwaren) sowie privaten Haushaltungen (z. B. Bioabfälle) eingesetzt.

5.1 Planerische Anforderungen

Bei der Planung von Biogasanlagen sind die technischen Anlagenkomponenten/Betriebseinheiten auf das jeweilige Inputmaterial abzustimmen.

Dabei sind vor allem die Korrosivität und Abrasivität des Inputmaterials, dessen Konsistenz, Verunreinigungen, Emissionspotentiale und die biologische Instabilität sowie die zahlreichen abfall- und umweltrechtlichen Vorschriften zu berücksichtigen.

Es ist zunächst zu prüfen, in welche besonderen Rechtsbereiche der Bau und der Betrieb der Anlage fallen.

Abfallvergärungsanlagen fallen z. B. ab einer Produktionskapazität von 1,2 Millionen Nm^3 je Jahr Rohgas in den Regelungsbereich des BImSchG (hier im speziellen Nr. 1.15 gemäß Anhang zur 4. BImSchV).

Weiter ist zu prüfen, ob und falls ja, welche Regelungen der Bioabfallverordnung (BioAbfV) bei den geplanten Einsatzstoffen zutreffen. Die BioAbfV gibt z. B. vor, welche Anforderungen bezüglich der Hygiene, Verunreinigungen und Schadstoffe eingehalten werden müssen. Außerdem werden die Pflicht zu Bodenuntersuchungen und diverse Nachweispflichten geregelt.

Für den Einsatz tierischer Nebenprodukte sind die Regelungen der Verordnung EG Nr. 1069/2009 (früher 1774/2002) zu beachten, die Material der Kategorien 1, 2 und 3 unterscheidet. Für die Verarbeitung in Biogasanlagen kommt nur Material der Kategorie 2 oder 3 in Betracht. Weitere Regelungen zum Umgang mit tierischen Nebenprodukten, auch zu notwendigen organisatorischen und baulichen Anforderungen sind in der Tierische-Nebenprodukte-Beseitigungsverordnung (TierNebV) zu finden. Dabei werden unter Anderem spezifische Anforderungen für Küchen- und Speiseabfälle und bei der Verarbeitung auf Betrieben mit Nutztierhaltung getroffen.

Weitere Regelungen, die vor allem bei immissionsschutzrechtlich zu genehmigenden Anlagen angewendet werden, finden sich z. B. in der TA Luft und den VDI Richtlinien 3475 Blatt 1 und 2.

Aufgrund des hohen Anteils mineralischer Stoffe (teilweise bis zu 30 %) vor allem bei der Verarbeitung von Bioabfällen aus Haushalten, unterliegen alle mit diesem Material beaufschlagten Aggregate und Bauteile (insbesondere Schnecken, Pumpen, Rührwerke, Behälter) einem enormen Verschleiß durch Abrasur. Auch niedrige pH-Werte des Inputmaterials können Auslöser für Korrosion sein.

Bei hohem Gehalt an mineralischen Bestandteilen ist außerdem in allen Behältern mit Sedimentationsprozessen zu rechnen.

Abfallvergärungsanlagen sind deshalb beim Bau und Betrieb weitaus komplexer und aufwändiger als NawaRo-Biogasanlagen. Die Investition und die Betriebskosten liegen aus diesem Grund deutlich über dem von NawaRo-Biogasanlagen bekannten Niveau.

Planung, Bau und Betrieb von Abfallvergärungsanlagen setzen Erfahrungen und spezielle Kenntnisse über den Umgang und die Eigenschaften der speziellen Abfallstoffe voraus. Deshalb sollte man für Planung und Bau nur entsprechend erfahrene Partner wählen.

Bei der Auslegung der Anlage sind außerdem die Anlieferungsrhythmen und saisonale Schwankungen von Art und Menge der täglich angelieferten Abfälle zu berücksichtigen. Dies gilt vor allem bei den Bioabfällen aus Haushalten, die typische Jahresganglinien zeigen.

Da die Betreiber von Bioabfallvergärungsanlagen häufig Abnahmeverpflichtungen eingehen, ist bei der Planung aller Fragen der Zuverlässigkeit des Anlagenbetriebs besondere Bedeutung zuzumessen. Das betrifft besonders die Schaffung von Redundanzen und die Möglichkeit z. B. durch zwei parallel geschaltete Fermenter, die Anlage auch bei Ausfall eines Fermenters im Teillastbetrieb weiter betreiben zu können.

Im Folgenden wird auf die Besonderheiten bei Biogasanlagen vor allem für die Vergärung von Bioabfällen und Speiseresten eingegangen. Für alle Übrigen wird auf die Ausführungen in Kapitel 4 verwiesen.

5.2 Anlieferung und Annahme

Die Anlieferung des Inputmaterials erfolgt in der Regel mittels LKW oder Containerfahrzeugen. Fettabscheiderabfälle können auch mit Tank-/Saugwagen angeliefert werden.

Standard-Sammelfahrzeuge für Bioabfälle sowie Tank-/Saugwagen haben durchschnittlich eine Ladekapazität von ca. 6–10 t. Speisereste und überlagerte Lebensmittel werden meist in Müllgroßbehältern (MGB, 120–240 l) oder Containern angeliefert. Deren Ladekapazität beträgt durchschnittlich ca. 3–6 t pro Fahrzeug.

Das Gewicht des angelieferten Inputmaterials wird über Differenzwägung der Fahrzeuge mit einer Fahrzeugwaage erfasst und dokumentiert.

Abb. 32 Inputlagertanks und befestigte Übergabeflächen

Abb. 33 Annahme flüssiger Abfälle

Verwogene Fahrzeuge fahren in den Annahmebereich. Gemäß Anforderungen der TA Luft sind die Einfuhrschleusen mit zwei Rolltoren auszustatten. Bei Einfahrt in die Schleuse ist das Tor zum Annahmebereich verschlossen zu halten. Erst wenn das Anlieferfahrzeug in die Schleuse eingefahren und das Außentor verschlossen ist, kann das Tor zum Annahmebereich geöffnet werden.

Im Annahmebereich werden das Inputmaterial bzw. die Container abgeladen, zwischengelagert oder direkt zur Aufbereitung aufgegeben. MGB werden je nach Abfallart mittels Hub-/Kipp-Vorrichtung in einen Flachbunker bzw. Anmaischbehälter entladen.

Die entleerten Müllgroßbehälter bzw. Container werden anschließend mittels Behälter- bzw. Tonnenwaschanlage mit Wasser und Desinfektionsmittel gereinigt.

Sofern die angelieferten Abfälle nicht in geschlossenen Tanks gelagert werden, sollte die Anlage so konzipiert sein, dass die Abfälle arbeitstäglich verarbeitet werden können.

Falls eine Zwischenlagerung erforderlich ist, sind die Lagerkapazitäten den zu erwartenden Anlieferungsrhythmen anzupassen. Dabei sind auch saisonale Schwankungen zu berücksichtigen.

5.3 Aufbereitungstechnik

Die Aufbereitungstechnik von Biogasanlagen ist maßgeblich von der Konsistenz und dem Verunreinigungsgrad des Inputmaterials sowie der Art der Vergärung abhängig (Nass-, Trocken- oder Feststoffvergärung, meso- oder thermophil, ein- oder mehrstufig bzw. mehrphasig).

Es wird grundsätzlich zwischen trockenen, schüttfähigen, (TS-Gehalt > ca. 15–20 %) und nassen (TS-Gehalt < ca. 15 %) Substraten unterschieden.

Bei der Aufbereitung von trockenen Substraten bestehen die wesentlichen Aufbereitungsschritte aus der Störstoffauslese, der Eisenmetallabscheidung (z. B. Dosen, Verpackungen) und der Zerkleinerung (mittels Hammer- oder Schneidmühlen).

Nass angelieferte Substrate kommen häufig aus industriellen Prozessen und sind meistens nur gering verunreinigt. Hier ist oft keine weitere Aufbereitung im Sinne einer Zerkleinerung oder Störstoffentfernung notwendig.

Speisereste im engeren Sinne, also „nach-Tisch-Abfälle“ aus Restaurants, Kantinen, etc. nehmen aufgrund ihres TS-Gehaltes von ca. 15–25 % eine Mittelstellung zwischen nass und trocken ein. Sie können durchaus mit Störstoffen wie Lebensmittelverpackungen und Besteckteilen verunreinigt sein, die entfernt werden müssen. Auch eine Zerkleinerung ist in der Regel notwendig.

Auf die Aufbereitungstechnik von Bioabfällen aus Haushalten und Speiseresten wird im Folgenden näher eingegangen.

Je nach Verfahrensgeber einerseits, sowie Art, Mengen und Kombinationen von Abfallstoffen andererseits gibt es unterschiedlichste Aufbereitungsschritte und -verfahren. Im Folgenden werden beispielhaft häufig gewählte Verfahren beschrieben.

Trockenes Inputmaterial wird meist vom Annahmebereich über zum Teil geschlossene Fördersysteme mittels Bänder, Schnecken oder Presskolbensystem weiter gefördert. In Einzelfällen gibt es auch Krananlagen, die das Material von einem Anlieferungsbunker aufnehmen.

Flüssige und pastöse Abfälle werden in Tanks oder Gruben zwischengelagert. Idealerweise sollte dabei für jede Abfallart ein eigener

Abb. 34 Pulper mit Presse zum Abtrocknen von Rechengut

Tank zur Verfügung stehen, um unerwünschte biologische/chemische Reaktionen der Abfallfraktionen miteinander zu vermeiden.

Je nach Fraktion müssen die Tanks entlüftet, isoliert oder beheizt und mit Rührwerken ausgestattet sein.

Da Speisereste oft pH-Werte von 4 oder niedriger aufweisen, verdient hier der Korrosionsschutz auch in Behälter und bei Betonflächen, die mit ihnen in Berührung kommen, besondere Bedeutung. Mögliche Maßnahmen sind z. B. geeignete Edelstahl- oder Kunststoffauskleidungen.

Verpackte Lebensmittel müssen in einem ersten Aufbereitungsschritt zunächst entpackt werden. Dies kann, je nach Art und Menge entweder von Hand oder maschinell, z. B. durch Pressen oder im Rahmen einer Zerkleinerung erfolgen.

Feststoffe (insbesondere Bioabfälle aus Haushalten) gelangen nach einer groben Vorzerkleinerung (z. B. über eine Schraubenmühle) häufig zur Störstoffentfernung.

Die Störstoffentfernung kann nass, z. B. über einen Pulper (Rührbehälter) mit Sink-Schwimmtrennung, oder trocken erfolgen, z. B. durch händische Sortierung oder einen Siebschnitt. Sie ist in der Regel mit einem Fe-Abscheider kombiniert.

In Einzelfällen werden auch Windsichter zur Störstoffabscheidung eingesetzt.

Durch einen Siebschnitt bei ca. 40 mm wird häufig auch ein Stoffstrom mit vorwiegend holzigen Bestandteilen zur Kompostierung ausgeschleust.

Flüssiges Inputmaterial (TS-Gehalt < ca. 15 %) wird meist mittels Exzenterschnecken-, Drehkolben- oder Balgpumpen direkt in den Anmischbehälter oder Fermenter, etc. gepumpt.

Sofern bei schüttfähigen Abfällen eine weitere Zerkleinerung erforderlich ist, werden dazu oft z. B. Hammermühlen oder Wellenzerkleinerer, etc. eingesetzt.

Durch die genannten Aufbereitungsschritte wird eine Homogenisierung des Inputmaterials erzielt und den Anforderungen gemäß Bioabfallverordnung (BioAbfV) bzw. der EG Nr. 1069/2009 zur Zerkleinerung auf 12 mm Kantenlänge für die Pasteurisierung entsprochen. Eine weitere wichtige Funktion ist der Schutz der nachgeschalteten Anlagenteile vor sperrigen Gegenständen sowie die Minimierung von Schadstoffeinträgen in den Gärrest. Außerdem wird die Abbaubarkeit im Fermenter verbessert.

5.4 Hygienisierung

Gemäß Anforderung der EU-Verordnung Nr. 1069/2009 bzw. der TierNebV muss Material der Kategorie 3 (z. B. Speisereste) hygienisiert werden. Hygienisierung ist nach der TierNebV „die Erhitzung von Material mit einer Teilchengröße von höchstens 12 mm auf eine Temperatur von mindestens 70 °C und einer Einwirkzeit von mindestens 60 Minuten bei einem hinreichenden Wärmeübergang zwischen und innerhalb der Teilchen" (TierNebV 2012). Um das Substrat homogen zu halten und Temperaturgradienten in dem Behälter zu vermeiden, muss bei der Hygienisierung in der Regel eine ständige Durchmischung des Materials gewährleistet sein. Diese Methode der Hygienisierung ist auch ein zugelassenes und häufig praktiziertes Verfahren nach der Bioabfallverordnung, die darüber hinaus aber auch noch andere Hygienisierungsverfahren wie die Hygienisierung im Fermenter bei thermophiler Betriebsweise oder die thermophile Kompostierung zulässt.

Abb. 35 Hygienisierung mit drei Tanks

In der Regel erfolgt die Erwärmung des Materials durch den Einsatz von Wärmetauschern, welche durch die Abwärme des BHKW versorgt werden.

Die Bedingungen im Hygienisierungsbehälter sind mittels Sensortechnik zu überwachen (Temperatur) und manipulationsfrei aufzuzeichnen.

Ob die Hygienisierung vor oder nach der Vergärung im Fermenter stattfindet, ist – sofern keine gesetzlichen Regelungen dagegen stehen (z.B. bei Betrieben mit Nutztierhaltung) – im Einzelfall zu entscheiden. Die Hygienisierung vor der Vergärung ermöglicht z.B. eine Teilstromhygienisierung, falls nicht alle Inputstoffe hygienisiert werden müssen. Bei der Hygienisierung nach dem Fermenter ist das Material homogener und die Hygienisierung weniger störanfällig.

Material der Kategorie 2 muss, bevor es zu Biogas umgewandelt werden darf, einer Hygienisierung durch Drucksterilisation unterzogen werden.

5.5 Pufferspeicher – Anmischbehälter

Um stets Material für die Vergärung vorrätig zu haben (z.B. zur Überbrückung von Wochenenden, Feiertagen, Instandhaltungsarbeiten, etc.) und einen konstanten Betrieb zu gewährleisten, kann dieses Material in einem Pufferspeicher zwischengelagert werden. Der Pufferspeicher erfüllt dabei oft auch die Funktion eines Anmischbehälters für die verschiedenen Abfallfraktionen mit oder ohne Recyclat aus der Vergärung.

Von den Pufferspeichern aus kann das Substrat bei Bedarf mittels geschlossener Förderersysteme (z.B. Drehkolbenpumpen) getaktet in den Fermenter gepumpt werden.

Um das Substrat während der Zwischenspeicherung homogen zu halten, ist der Pufferspeicher bei flüssiger Konsistenz des Inhalts mit einem Rührwerk auszustatten.

5.6 Fermenter

Die Vergärung des Inputmaterials und damit die Erzeugung von Biogas erfolgt im Fermenter. Die verschiedenen Bauarten werden in Kapitel 4 ausführlich beschrieben.

Im Gegensatz zu NawaRo-Anlagen werden für die Abfallvergärung verstärkt sogenannte Pfropfenstromfermenter eingesetzt. Auch Feststoffvergärungsverfahren (Perkolationsfermenter), die sogenannten „Garagenfermenter“, sind hier häufiger anzutreffen.

Bei der Abfallvergärung werden öfter thermophile Verfahren eingesetzt, um eine Hygienisierung im Fermenter zu erreichen und um kürzere Verweilzeiten zu erzielen.

Da bei Abfallvergärungsanlagen ein Großteil der Einnahmen aus den Kippgebühren, d. h. aus der Annahme des Bioabfalls erzielt wird, steht hier mehr die Durchsatzleistung und weniger der spezifische Gasertrag aus dem Inputmaterial im Vordergrund für die Wirtschaftlichkeit.

Deshalb werden Abfallvergärungsanlagen häufig mit deutlich geringeren hydraulischen Verweilzeiten von ca. 20–25 Tagen ausgelegt.

Durch die Verwendung von Pfropfenstromfermenter mit optimaler Durchmischung und aufgrund höherer Pufferkapazität (z. B. von Bioabfällen aus dem Haushalt), werden die Fermenter oft auch mit deutlich höherer Raumbelastung betrieben als NawaRo-Anlagen.

Auch auf eine zweistufige Betriebsweise mit einem Nachfermenter wird oft verzichtet. Dagegen werden bei der Vergärung von leicht abbaubaren Stoffen, wie z. B. Speiseresten oftmals separate Hydrolysestufen eingesetzt.

Aus Gründen der Zuverlässigkeit eines konstanten Anlagenbetriebs werden häufig zwei oder mehrere Fermenter parallel geschaltet.

Neben den hier beschriebenen Verfahren gibt es darüber hinaus noch herstellerspezifisch diverse andere Fermenterbauarten und Betriebsweisen für die Abfallvergärung.

5.7 Ablufterfassung und -reinigung

Beim Betrieb von Biogasanlagen entstehen durch das Inputmaterial grundsätzlich anlagenspezifische Geruchsemissionen.

Es gelten die speziellen Anforderungen gemäß Nr. 5.4.8.6.1 der TA Luft (Anlagen zur Vergärung von Bioabfällen und Anlagen, die Bioabfälle in Kofermentationsanlagen mitverarbeiten). Die Emissionsgrenzwerte für Gesamtstaub betragen 10 mg/m^3 und für geruchsintensive Stoffe 500 GE/m^3. Diese Emissionskonzentrationen sind im Austrag (Reingas) des Biofilters zu gewährleisten.

5.7.1 Ablufterfassung

Absaugleistungen/Luftwechsel

Um das Austreten von diffusen Geruchsemissionen (bei geschlossenen Toren) zu verhindern, ist die Leistung der Abluftanlage so zu konzipieren, dass innerhalb der Anlagengebäude ein permanenter Unterdruck aufrechterhalten wird.

Fahrzeugschleuse

Gemäß Buchstabe b) der Nr. 5.4.8.6.1 TA Luft wird ausgeführt, dass *„Aufgabebunker geschlossen mit einer Fahrzeugschleuse zu errichten sind; bei geöffneter Halle und beim Entladen der Müllfahrzeuge sind die Bunkerabgase abzusaugen und einer Abgasreinigungseinrichtung zuzuführen.“* (TA Luft)

In Abhängigkeit zu dem in der Lager- bzw. Aufbereitungshalle vorhandenen Unterdruck und der Hallentorgröße kann im Einzelfall anstelle einer Fahrzeugschleuse auch ein automatisch schließendes Schnelllauftor in Verbindung mit einer Luftschleieranlage vorgesehen werden. Dies muss jedoch im Einzelfall (gutachterlich) überprüft werden.

Annahmebehälter

Aufgrund eines Gasunfalls in einer Vergärungsanlage in Niedersachsen, bei dem durch das Zusammenführen unterschiedlicher Substrate eine spontane Bildung von Schwefelwasserstoff (H_2S) bei geöffnetem Annahmebehälter auftrat, hat das Umweltministerium Niedersachsen spezielle Anforderungen per Erlass vom 19.12.2005 eingeführt.

Schwefelwasserstoff ist ein stark giftiges Gas und kann bei dem Zersetzungsprozess von Biomasse entstehen. Die Gefahr besteht darin, dass Schwefelwasserstoff schwerer als Luft ist. Es neigt daher dazu, sich in Gruben abzusetzen und dort zu verbleiben.

Um Unfälle zu vermeiden und Auswirkungen von Betriebsstörungen so gering wie möglich zu halten, soll durch geeignete Abdeckungen, Absaugungen und Gaswarngeräte speziell bei Biogasanlagen, welche zur Vergärung Bioabfälle und/oder tierische Nebenprodukte einsetzen und mit einem Vorgrubenbetrieb arbeiten, sichergestellt werden, dass Mitarbeiter, die sich in Gefahrenbereichen aufhalten, vor gefährlichen Konzentrationen betriebsbedingter Gase (z. B. CH_4, H_2S, CO_2) gewarnt werden.

Verschleppungen von geruchsbelasteten Stoffen

Geruchsbelastete Stoffe können durch Anhaftung an den Reifen der LKW oder Radlader verschleppt werden.

Dies kann je nach Wetterlage zu deutlichen Geruchsemissionen auf dem Betriebsgelände führen (Platzgeruch).

Eine Verschmutzung der Reifen sollte durch technische Maßnahmen vermieden werden. Eine Möglichkeit stellen entsprechende Schwellen an den Lagerbereichen dar, um die Halden von den Fahrwegen zu trennen.

Hallenabsaugung

Die Anlagengebäude sind in Abhängigkeit ihres Raumvolumens mit einer entsprechend dimensionierten Absaugeinrichtung auszustatten.

In der Regel werden Abluftrohre mit Ansaugöffnungen an der Hallendecke installiert, um entsprechenden Unterdruck zu gewährleisten.

Bei Bedarf können auch zusätzlich Wandventilatoren eingebaut werden.

Quellen-/Maschinenabsaugungen

Im Einzelfall ist zu prüfen, ob eine gezielte, punktuelle Quellen-/Maschinenabsaugung notwendig ist (z. B. Verdrängungsluft aus Aggregaten oder Behältern).

Die Absaugung kann über Ventilatoren erfolgen, welche die Abluft über einen Anschluss direkt in die Abluftrohre der Hallenabsaugung drückt und dort in die Abluftreinigung weiterführt.

5.7.2 Abluftreinigung

Für die Reinigung der erfassten Abluft stehen grundsätzlich verschiedene Möglichkeiten zur Verfügung. Am häufigsten zum Einsatz kommen Luftwäscher mit Biofilter, selten wird eine UV-Bestrahlung der Abluft vorgenommen.

Luftwäscher mit Biofilter

Um Geruchsemissionen zu reduzieren bzw. möglichst auszuschließen, kann die Abluft biologisch gereinigt werden. Sie wird bei diesem Prozess von einem Radialventilator angesaugt, in einem Luftwäscher vom Staub gereinigt und angefeuchtet. Anschließend werden die für den Geruch verantwortlichen Bestandteile im Biofilter biologisch abgebaut.

Biofilteranlagen sind in Bezug auf die Betriebsweise und die Filtervolumenbelastung auf die Anforderungen der VDI Richtlinie 3477 abzustimmen.

Weitere Hinweise zur Reinhaltung der Luft bei Abfallvergärungsanlagen finden sich auch in der VDI Richtlinie 3475 Blatt 1 und 2.

5.8 Gärrestaufbereitung und -verwertung

Bei der Nass- oder Trockenfermentation entsteht im Fermenter ein mehr oder weniger flüssiges Medium, das mit geeigneten Pumpen abgezogen werden kann. Aus den Kammern der Feststoffvergärung entsteht durch die Perkolation ein flüssigkeitsdurchtränkter Feststoff, der in der Regel mit einem Radlader entnommen wird.

Flüssiger Gärrest aus Abfallvergärungsanlagen wird entweder bis zur landwirtschaftlichen Verwertung als Dünger in einem gasdichten und an die Gasverwertung angeschlossenen Gärrestlager zwischengelagert oder es erfolgt eine Separation in eine feste und eine flüssige Phase. Bei der Vergärung von Bioabfällen aus Haushalten ist eine Separation obligatorisch, um Holzteile, die im Gärrestlagerbehälter eine Schwimmschicht bilden würden, zu entfernen.

Zur Phasentrennung werden Pressschneckenseparatoren, Dekanter, etc. eingesetzt. Aufgrund der mineralischen Bestandteile bei der Verarbeitung von Bioabfällen aus Haushalten ist der Verschleiß an diesen Aggregaten enorm. Um eine ausreichende Betriebssicherheit zu erreichen, sind diese Aggregate redundant auszuführen.

Die flüssige Phase wird entweder nach der Zwischenlagerung in einem gasdichten und an die Gasverwertung angeschlossenen Gärrestlager als Dünger landwirtschaftlich verwertet (in der Regel die kostengünstigste Variante) oder weiter für die Indirekteinleitung (in das Kanalnetz zu einer Kläranlage) vorbehandelt. In Einzelfällen erfolgt eine Aufbereitung zur Direkteinleitung in den Vorfluter.

Die feste Phase wird in der Regel, ebenso wie der Output aus einer Feststoffvergärungsanlage nachgerottet (kompostiert), um einen pflanzenverträglichen Kompost zu erzeugen. Dabei ist gegebenenfalls die Zumischung von Strukturmaterial notwendig.

Die Nachrotte beginnt in der Regel mit einer Aerobisierung, d. h. einer intensiven Belüftung. Hierdurch werden anaerobe Prozesse schnell gestoppt, um möglichst wenig des besonders klimaschädlichen Gases Methan zu emittieren. Die Aerobisierung und der erste Teil der Nachrotte dauern zusammen ca. 14 Tage und sollten im geschlossenen, an eine Abluftreinigung angeschlossenen System erfolgen.

Sofern eine Hygienisierung nicht bereits vor oder während der Vergärung nachgewiesen wurde, ist sie auch im Rahmen der Gärrestaufbereitung möglich.

Weitere Aufbereitungsmöglichkeiten sind die Trocknung und/oder Pelletierung der Gärreste.

Für die landwirtschaftliche Verwertung flüssiger oder fester Gärreste sind die Regelungen der Bioabfallverordnung sowie der Dünge- und der Düngemittelverordnung gültig.

Bestimmte Gebiete in Deutschland sind bereits mit Phosphor und Stickstoff überversorgt, so dass der Absatz im landwirtschaftlichen Bereich dort schwierig ist. Verwertungsprobleme in der Landwirtschaft gibt es auch in Ballungsräumen und im Vertragsanbau. Außerdem hat Gärrest aus Bioabfall ein schlechteres Image als Gärrest aus NawaRo-Anlagen.

6 Biogasaufbereitung zu Biomethan

Dr. Markus Helm, RA Micha Klewar

6.1 Grundlagen der Einspeisung in das Erdgasnetz

Anstatt vor Ort das Biogas mit einem BHKW zu verstromen und so elektrische Energie und Wärmeenergie zu erzeugen, kann das Biogas auch auf Erdgasqualität aufbereitet und in das Erdgasnetz eingespeist werden.

Damit entsteht die Möglichkeit, die Biogaserzeugung und -verwertung räumlich zu trennen: Die Strom- und vor allem die Wärmeerzeugung können an die Verbrauchsorte z. B. in Ballungsräumen verlagert werden, während die Biogaserzeugung im ländlichen Bereich bleibt. So werden zusätzliche Transportwege für Inputstoffe und Gärrest sowie Immissionsprobleme vermieden und die Wärmenutzungsmöglichkeiten werden erhöht. Da das Erdgasnetz darüber hinaus als großer Speicher fungiert, können bei der Einspeisung in das Erdgasnetz die Biogaserzeugung und -verwertung auch zeitlich getrennt werden.

Biogas und Erdgas unterscheiden sich vor allem hinsichtlich der Methankonzentration: Biogas hat, je nach den vergorenen Inputstoffen, Methankonzentrationen von ca. 50–65 %. Der überwiegende Rest ist Kohlendioxid. Daneben enthält Biogas Wasser und Spurengase. Erdgas hat dagegen Methankonzentrationen zwischen 79,5 und 98,3 % (FNR 2012). Die Hauptaufgabe der Biogasaufbereitung zu Biomethan besteht also darin, die Nichtmethananteile, also vor allem CO_2, aus dem Biogas abzutrennen.

6.2 Erdgasnetze in Deutschland

Die Einteilung der Erdgasnetze erfolgt einerseits nach der Art des Erdgases, andererseits nach den Netzebenen bzw. Druckstufen im Netz.

6.2.1 Erdgasqualität

Die Erdgasqualität wird nicht nach der Methankonzentration im Erdgas, sondern nach dem Brenn- bzw. Heizwert definiert.

Erdgas gehört zur sogenannten zweiten Gasfamilie. Man unterscheidet sogenannte

- L-Gas-Netze, vor allem in Nord- und Westdeutschland auch „Nordseegas“ genannt mit einem Wobbe-Index (brennwertbezogen) von 10,5 bis 13,0 kWh/Nm^3

- H-Gas-Netze, vor allem mit russischem Erdgas versorgt, mit einem Wobbe-Index von 12,8 bis 15,7 kWh/Nm^3 (FNR 2009).

Der Wobbe-Index ist ein korrigierter Brenn-/Heizwert. Er errechnet sich aus dem Brennwert (unterer Wobbe-Index) bzw. dem Heizwert (oberer Wobbe-Index) und der relativen Dichte eines Brenngases. Mit seiner Hilfe kann die Qualität eines Brenngases beurteilt werden und ob und durch welches Gas ein eingesetztes Gas ausgetauscht werden kann.

Biomethan kann theoretisch als Zusatz- oder als Austauschgas in das Erdgasnetz eingespeist werden.
- Zusatzgase unterscheiden sich bezüglich Zusammensetzung und brenntechnischen Kenndaten wesentlich vom Grundgas in einem Versorgungsgebiet.
- Austauschgas hingegen ist ein Gasgemisch, das trotz möglicherweise etwas abweichender Zusammensetzung und abweichender Kenndaten ein gleichartiges Brennverhalten aufweist wie das Grundgas.

In der Regel wird Biomethan als Austauschgas eingespeist.

Die Anforderungen an die Beschaffenheit von Gasen in öffentlichen Gasnetzen wird im Arbeitsblatt G 260 des technischen Regelwerkes des Deutschen Vereins des Gas- und Wasserfaches (DVGW) beschrieben (DVGW 260). Dort wird nicht nur der Wobbe-Index mit den zulässigen Schwankungsbereichen geregelt, sondern auch die Grenzwerte für Gasbegleitstoffe wie der Gehalt an Kohlenwasserstoffen und Wasser, der Sauerstoff- und der maximal zulässige Schwefelgehalt oder auch die Verunreinigungen mit Stäuben, Nebel oder anderen Schadstoffen.

6.2.2 Netzebenen

Das Erdgasnetz lässt sich in verschiedene Netzebenen einteilen:
- Internationales Ferntransportnetz
- Überregionales Transportnetz
- Regionales Transportnetz
- Lokales Verteilnetz

Diese Netzebenen unterscheiden sich hinsichtlich der Druckstufen und dem Volumenstrom. Man differenziert zwischen:
- Hochdruck-Netz mit 1–120 bar
- Mitteldruck-Netz mit 0,1–1 bar
- Niederdruck-Netz bis 0,1 bar

Aus energetischen Gründen ist es sinnvoll in Netze mit geringer Druckstufe einzuspeisen, da hierzu weniger Verdichterleistung benötigt wird.

Andererseits ist bei lokalen Verteilnetzen vor allem bei nahezu ausschließlicher Wohnbebauung – und dann vor allem im Sommer – die Aufnahmefähigkeit an Biomethan zum Teil sehr begrenzt, sofern der Netzbetreiber nicht Einrichtungen zur Rückspeisung vom Verteilnetz in ein vorgelagertes Transportnetz vorhält oder installiert. Als Alternative zur Rückspeisung kommt auch eine kombinierte Einspeisung in ein Verteilnetz und ein vorgelagertes Transportnetz (sog. Y-Lösung) in Betracht.

6.3 Der Gasnetzzugang

6.3.1 Rechtliche Grundlagen

Die rechtliche Grundlage für die Einspeisung in das Erdgasnetz liefert die Gasnetzzugangsverordnung (GasNZV).

Nach der GasNZV sind Netzbetreiber verpflichtet, Biomethanaufbereitungsanlagen vorrangig an das Gasnetz anzuschließen. Der Gasnetzbetreiber muss eine Verfügbarkeit des Netzanschlusses von mindestens 96 % gewährleisten und trägt die Kosten für Betrieb, Wartung und Instandhaltung des Netzanschlusses.

Der Einspeiser hat auf eigene Kosten sicher zu stellen, dass das Gas am Einspeisepunkt und während der Einspeisung den Voraussetzungen der DVGW-Arbeitsblätter G 260 und G 262 entspricht. Zusätzliche oder strengere Anforderungen, etwa hinsichtlich Gasbegleitstoffen oder Brennwert, darf der Netzbetreiber nur stellen, wenn andernfalls der Netzanschluss insgesamt abgelehnt werden müsste. Der Netzbetreiber ist dafür verantwortlich, dass das Gas am Ausspeisepunkt die eichrechtlichen Vorgaben des DVGW-Arbeitsblattes G 685 erfüllt. Die GasNZV enthält einen sog. statischen Verweis auf das DVGW-Regelwerk Stand 2007. Bei einer Überarbeitung der DVGW-Arbeitsblätter werden diese also nicht automatisch auch rechtlich verbindlich. Die Bundesnetzagentur könnte allerdings durch eine Festlegung die Qualitätsanforderungen für die Einspeisung von Biogas ändern.

Der Netzbetreiber ist auch für die Odorierung und die Messung der Gasbeschaffenheit verantwortlich. Er trägt dafür die Kosten.

Die Methanemissionen bei der Biogasaufbereitung dürfen maximal 0,2 % betragen. Weitere technische Anforderungen an die Biogasaufbereitung enthält die GasNZV nicht. Bei der Verstromung von Biomethan begrenzt das EEG 2012 allerdings zusätzlich den Stromverbrauch für die Aufbereitung auf höchstens 0,5 kWh/Nm^3 Rohgas. Außerdem gibt das EEG vor, dass die Prozesswärme für die Aufbereitung und Erzeugung des Biogases entweder aus erneuerbaren Energien oder aus Abwärme aus der Gasaufbereitungs- oder Einspeiseanlage stammen muss. Die Aufbereitung muss also in jedem Fall ohne den Einsatz von zusätzlicher fossiler Energie erfolgen.

6.3.2 Verfahrensablauf

Der Netzanschluss einer Biogasanlage an das Erdgasnetz wird durch ein Netzanschlussbegehren angestoßen. Netzbetreiber sind verpflichtet, die für die Prüfung des Netzanschlussbegehrens mindestens erforderlichen Angaben auf ihrer Internetseite zu veröffentlichen. Innerhalb von zwei Wochen nach Eingang des Netzanschlussbegehrens muss der Netzbetreiber dem Anschlussnehmer einen Kostenvoranschlag für die erforderlichen Prüfungen machen. Darauf hat der Anschlussnehmer eine Vorschusszahlung in Höhe von 25 % zu leisten. Der Netzbetreiber muss dann unverzüglich, spätestens aber innerhalb von drei Monaten nach Eingang der Vorschusszahlung, das Ergebnis der Prüfungen mitteilen.

An ein positives Prüfergebnis ist der Netzbetreiber für die Dauer von drei Monaten gebunden. Innerhalb dieser Frist muss er ein verbindliches Angebot für einen Netzanschlussvertrag vorlegen, das mindestens die Zusicherung einer bestimmten garantierten Mindesteinspeisekapazität umfasst. Der Inhalt dieses Netzanschlussvertrages ist durch die Kooperationsvereinbarung zwischen den Betreibern von in Deutschland gelegenen Gasversorgungsnetzen weitgehend vorgegeben. Verhandlungsspielräume bestehen allerdings noch bei der zusätzlich abzuschließenden Planungs- und/oder Errichtungsvereinbarung, für die es in der Kooperationsvereinbarung kein Vertragsmuster gibt.

Nach Abschluss des Netzanschlussvertrages wird vom Netzbetreiber zusammen mit dem Anschlussnehmer eine gemeinsame Planung des Netzanschlusses erstellt. Auf Grundlage dieser Planung stellt der Netzbetreiber dann den Netzanschluss her. Die Gasnetzzugangsverordnung schreibt zu diesem Zweck die Vereinbarung eines Realisierungsfahrplans vor, der auch der Regulierungsbehörde vorzulegen ist.

6.3.3 Kostentragung

Die beim Netzanschluss entstehenden Kosten einschließlich der Planungskosten werden grundsätzlich zu 75 % vom Netzbetreiber und zu 25 % vom Anschlussnehmer getragen. Bei Netzanschlüssen einschließlich Verbindungsleitung mit einer Länge von bis zu 1 km beträgt der Anteil des Anschlussnehmers allerdings höchstens 250 000 €. Umstritten ist, ob dieser sogenannte Kostendeckel auch dann gilt, wenn der Netzanschluss insgesamt eine Länge von mehr als 1 km hat. Die Bundesnetzagentur und die meisten Netzbetreiber gehen mittlerweile davon aus, dass auch bei längeren Verbindungsleitungen die Kosten für den ersten Kilometer auf den Betrag von 250 000 € begrenzt werden müssen. Die Kostenteilung gilt für Netzanschlüsse mit Verbindungsleitung bis zu 10 km Länge. Soweit diese Länge überschritten wird, trägt der Anschlussnehmer die Mehrkosten alleine.

Wenn innerhalb von 10 Jahren nach dem Netzanschluss weitere Anschlüsse von Biogasanlagen erfolgen, die die bereits errichteten

Netzanschlussanlagen mit benutzen können, hat der Netzbetreiber die Kosten neu aufzuteilen und dem ersten Anschlussnehmer einen zu viel gezahlten Betrag zu erstatten.

Sollte der Netzbetreiber den Realisierungsfahrplan nicht einhalten, kann sich dies auch auf die Kostenverteilung auswirken. Wird der vorgesehene Zeitpunkt der Inbetriebnahme des Netzanschlusses überschritten und hat der Netzbetreiber die Verzögerung zu vertreten, so trägt der Netzbetreiber die Kosten für den ersten Kilometer des Netzanschlusses allein. Der Anschlussnehmer wird also für die Überschreitung des Anschlusstermins mindestens mit einem Betrag von 250 000 € entschädigt.

6.3.4 Einspeisung und Transport von Biomethan

Netzbetreiber sind verpflichtet, Einspeiseverträge und Ausspeiseverträge vorrangig mit Transportkunden von Biomethan abzuschließen und Biomethan vorrangig zu transportieren. Die Einspeisung von Biomethan kann der Netzbetreiber nur dann verweigern, wenn die technisch-physikalische Aufnahmefähigkeit des Netzes nicht gegeben ist. Kapazitätsengpässe im Netz sind dagegen kein Ablehnungsgrund. Notfalls muss der Netzbetreiber bestehende Transportverträge mit Transportkunden von Erdgas kündigen, um Kapazitäten freizumachen.

Eine zusätzliche Förderung erhält die Biomethaneinspeisung dadurch, dass nach der Gasnetzentgeltverordnung (GasNEV) Transportkunden von Biomethan vom Netzbetreiber ein pauschales Entgelt in Höhe von 0,7 ct/kWh für vermiedene Netzkosten erhalten. Dieses Entgelt wird für 10 Jahre ab Inbetriebnahme des jeweiligen Netzanschlusses gezahlt und ist unabhängig von der Netzebene, in die eingespeist wird.

Auch bei der Bilanzierung von Biomethan kann der Transportkunde von Sonderregelungen profitieren. Der erweiterte Bilanzausgleich für Biomethan sieht einen Bilanzierungszeitraum von 12 Monaten vor. Innerhalb des Bilanzierungszeitraums kann eine positive oder negative Flexibilität von bis zu 25 % in Anspruch genommen werden. Ausgleichsenergiekosten müssen erst dann bezahlt werden, wenn dieser Flexibilitätsrahmen überschritten wird. Ein am Ende des Bilanzierungszeitraums bestehender positiver Saldo kann in das nächste Bilanzjahr übertragen werden.

Um den erweiterten Bilanzausgleich in Anspruch nehmen zu können, muss der Bilanzkreisvertrag als spezieller Biogasbilanzkreisvertrag abgeschlossen werden. Es darf dann ausschließlich Biomethan in diesen Bilanzkreis geführt werden. Allerdings ist es auch möglich, Biomethan in einem normalen Erdgasbilanzkreis zu bilanzieren.

6.4 Wirtschaftliche Bedeutung von Biomethan

Die Sonderreglungen der GasNZV für die Einspeisung von Biomethan erleichtern den Anschluss von Biogasaufbereitungsanlagen erheblich. Trotzdem sind sowohl die Anzahl der Biogasanlagen, die in das Erdgasnetz einspeisen, als auch die eingespeiste Biomethanmenge deutlich hinter den Erwartungen zurück geblieben.

Nach § 31 GasNZV ist es das Ziel der Sonderregelung, die Biogaseinspeisung in Deutschland bis 2020 auf jährlich 6 Mrd. m^3 und bis zum Jahr 2030 auf jährlich 10 Mrd. m^3 zu steigern. 2011 wurden ca. 0,4 Mrd. m^3 eingespeist (FNR 2012). Dabei ist die Zahl der jährlich gestellten Gasnetz-Zugangsbegehren von 2008 bis 2010 von 165 auf 124 pro Jahr gesunken.

Laut der Prognose des Deutschen Biomasseforschungszentrums im Endbericht „Monitoring zur Wirkung des Erneuerbare-Energien-Gesetz (EEG) auf die Entwicklung der Stromerzeugung aus Biomasse" (s. Abb. 36) ist für 2012/2013 mit ca. 140 Biogasaufbereitungsanlagen mit einer Aufbereitungskapazität von knapp 180 000 m^3/h zu rechnen.

Vornehmliche Gründe für die bisher hinter den Erwartungen zurückgebliebenen eingespeisten Biomethanmengen sind:

- Aufgrund des bis dato hohen Investitionsbedarfs für die Biogasaufbereitungstechnik waren nur große Anlagen ab ca. 700 Nm^3/h Biomethan (entsprechend ca. 2,8 MW_{el}) wirtschaftlich zu betreiben.
- So große Anlagen haben einen sehr hohen Verbrauch an Substraten, so dass, je nach Ertragssituation, oft 1 000 ha und mehr Anbaufläche benötigt werden. Um diese in eine einigermaßen vernünftige Fruchtfolge zu integrieren, sind dann Betriebe mit ca. 3 000 ha landwirtschaftlicher Nutzfläche notwendig. Derart große Flächen zur Versorgung der Biogasanlagen zu sichern, ist keine leichte Aufgabe,

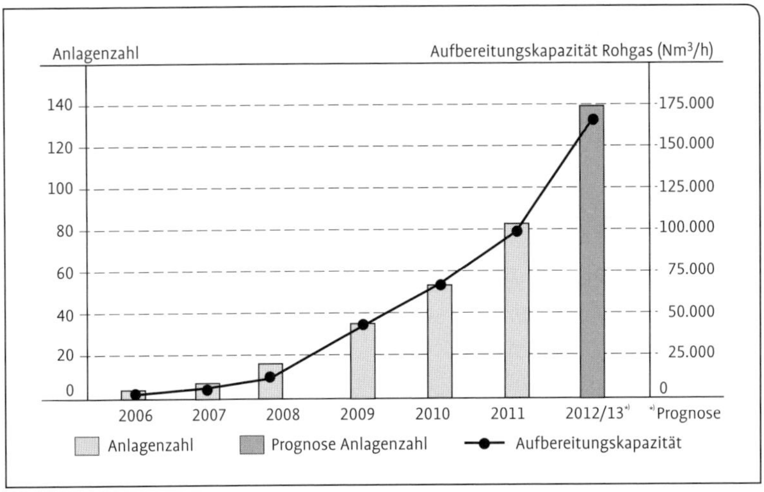

Abb. 36 Entwicklung von Biogasaufbereitungsanlagen in Deutschland und deren Aufbereitungskapazität (Rohgas) (FNR 2012)

insbesondere in Süddeutschland, wo noch eine relativ kleinteilige Struktur landwirtschaftlicher Betriebe vorherrscht.
- Der Gesamtinvestitionsbedarf für entsprechende Projekte liegt oft bei 12 Mio. €, so dass auch die Finanzierung einer nicht unerheblichen Kapitalstärke des Investors bedarf.
- Die Vertragsverhandlungen mit den Gasnetzbetreibern zu Einspeisepunkten und der notwendigen Qualität des einzuspeisenden Biomethans sind oft langwierig. Auch die mittlerweile für die Netzbetreiber verbindlichen Standardverträge der Kooperationsvereinbarung haben dieses Problem noch nicht vollständig gelöst.

Für Interessenten sind häufig alleine die Kosten, die die Gasnetzbetreiber für die Prüfung der Einspeisemöglichkeiten berechnen – sie belaufen sich nicht selten auf 10 000 € – bereits abschreckend.

6.5 Verwertungspfade für Biomethan

6.5.1 Vergütung für Biomethan nach dem EEG

Wird Biomethan nach der Entnahme aus dem Gasnetz in einem BHKW zur Stromerzeugung eingesetzt, kann eine Vergütung nach dem Erneuerbare-Energien-Gesetz (EEG) in Anspruch genommen werden. Voraussetzung dafür ist, dass die Menge des entnommenen Gases im Wärmeäquivalent am Ende eines Kalenderjahres der Menge von Biomethan entspricht, die an anderer Stelle in das Erdgasnetz eingespeist worden ist. Seit dem 01.01.2013 müssen für den gesamten Transport und Vertrieb des Gases von seiner Herstellung oder Gewinnung, seiner Einspeisung in das Erdgasnetz und seinem Transport im Erdgasnetz bis zu seiner Entnahme aus dem Erdgasnetz Massenbilanzsysteme verwendet worden sein. Ein entsprechendes Massenbilanzsystem bietet etwa das Biogasregister Deutschland an.

Für den erzeugten Strom kann eine Vergütung in Anspruch genommen werden, als wäre das Biogas direkt vor Ort verstromt worden. Allerdings kann der Anlagenbetreiber des Biomethan-BHKW zusätzlich einen Gasaufbereitungsbonus in Höhe von bis zu 3,0 ct/kWh beanspruchen. Der Anlagenbetreiber muss allerdings anders als bei sonstigen Biogasanlagen sicherstellen, dass der gesamte Strom in Kraft-Wärme-Kopplung (KWK) erzeugt wird. Das BHKW muss also rein wärmegeführt betrieben werden.

6.5.2 Biomethan im Wärmemarkt

Nach dem Erneuerbare-Energien-Wärmegesetz (EEWärmeG) des Bundes müssen Gebäude ab 50 m^2, die unter Energieeinsatz geheizt oder gekühlt werden, anteilig Erneuerbare Energien nutzen. Diese Nutzungspflicht gilt für Gebäude, für die der Bauantrag nach dem 01.01.2009 gestellt wurde. Der Nutzungspflicht unterliegen auch grundlegend renovierte Gebäude der öffentlichen Hand.

Die anteilige Wärmenutzungspflicht kann durch den Einsatz von 30 % Biomethan zur Wärmeerzeugung erfüllt werden. Dies gilt allerdings nur dann, wenn die Wärmeerzeugung in einer KWK-Anlage stattfindet, also ein Biomethan-BHKW für die Wärmerzeugung verwendet wird. Grundlegend renovierte Gebäude der öffentlichen Hand können alternativ auch einen Heizkessel verwenden, der der besten verfügbaren Technik entspricht.

In Baden-Württemberg ergibt sich eine Wärmenutzungspflicht auch aus dem Erneuerbare-Wärmegesetz (EWärmeG). Wegen des Vorrangs des Bundesrechts gilt das EWärmeG allerdings nur für Neubauten, für die der Bauantrag zwischen dem 01.04.2008 und dem 31.12.2008 gestellt wurde. Außerdem regelt das EWärmeG eine anteilige Nutzungspflicht für Wohngebäude im Bestand bei Austausch der Heizungsanlage. Auch die Nutzungspflichten nach dem EWärmeG können durch den Einsatz von Biomethan erfüllt werden.

6.5.3 Biomethan im Kraftstoffmarkt

Biomethan kann auch als Kraftstoff verwendet werden. Dadurch können die Beimischquoten für Kraftstoffe nach dem Biokraftstoffquotengesetz erfüllt werden.

Die Beimischquoten knüpfen an das Inverkehrbringen von Otto- oder Dieselkraftstoffen an. Wer solche Kraftstoffe in Verkehr bringt, muss dabei eine Gesamtquote von 6,25 % Biokraftstoff erreichen. Außerdem ist eine Mindestquote für Diesel in Höhe von 4,4 % und eine Mindestquote für Ottokraftstoff in Höhe von 2,8 % vorgesehen. Ab 2015 werden diese festen Quoten durch eine Verpflichtung zur Senkung des Treibhausgasanteils ersetzt.

Die Kraftstoffquoten können durch Beimischung zu fossilen Kraftstoffen erfüllt werden, aber auch durch das Inverkehrbringen von reinem Biokraftstoff. Insbesondere kann eine Beimischung von Biomethan zu Erdgaskraftstoffen erfolgen. Wer ausschließlich reine Biokraftstoffe etwa im Rahmen einer Biomethantankstelle in Verkehr bringt, kann vertraglich einen Teil der Quote eines Mineralölunternehmens übernehmen und dadurch entsprechende Erlöse erzielen.

Damit Biomethan für die Kraftstoffquoten angerechnet werden kann, muss es die speziellen Nachhaltigkeitsanforderungen nach der Biokraftstoff-Nachhaltigkeitsverordnung (Biokraft-NachV) erfüllen. Durch eine entsprechende Zertifizierung muss nachgewiesen werden, dass beim Anbau der Biomasse natürliche Lebensräume geschützt werden, eine nachhaltige landwirtschaftliche Bewirtschaftung erfolgt und ein Treibhausgasminderungspotential von mindestens 35 % erreicht wird.

Biomethan, das aus Abfällen, Reststoffen oder ähnlichen Stoffen erzeugt wird, kann unter Umständen auf die Quote doppelt angerechnet werden.

Derzeit werden weniger als 1 % des gehandelten Biomethans in Tankstellen verwertet. Andererseits gibt es laut einer Pressemitteilung der erdgas mobil GmbH vom 13. August 2012 in Deutschland 76 Tankstellen, an denen 100 % Biomethan getankt werden kann, und an 230 der rund 900 Erdgastankstellen in Deutschland wird Erdgas mit Biomethananteil verkauft.

Für die geringe Bedeutung dieser Verwertungsrichtung für Biomethan aus Biogasanlagen dürften vor allem die geringe Dichte an Erdgastankstellen und deren geringer Bedarf an Biomethan im Vergleich zu den in Biogasanlagen produzierten Mengen verantwortlich sein. Zudem ist der Marktpreis für die Biokraftstoffquoten schwer kalkulierbar und wurde in den letzten Jahren durch große Mengen importierten Biodiesel aus Altspeisefetten gedrückt.

Wenn in Zukunft die Nutzung von mit Erdgas betriebenen Fahrzeugen ansteigt, erscheint dieser Markt aber durchaus interessant.

6.6 Technik der Aufbereitung von Biogas zu Biomethan

Zur Aufbereitung des Biogases zu Biomethan stehen unterschiedliche verfahrenstechnische Wege zur Verfügung.

Da an das aufbereitete Biomethan sehr strenge Kriterien bezüglich des Gehalts an Schwefelverbindungen gestellt werden, ist es in der Regel erforderlich, das Biogas vor der Biogasaufbereitung zumindest einer Grobentschwefelung zu unterziehen. Da andererseits im einzuspeisenden Biomethan die zulässigen Konzentrationen an Sauerstoff und Stickstoff ebenfalls sehr niedrig sind, scheidet eine biologische Grobentschwefelung über Lufteindüsung in die Fermenter aus. Behelfsweise werden deshalb für die Grobentschwefelung Verfahren zur biologischen Entschwefelung über Sauerstoffzudosierung oder die Zugabe von Eisenoxiden bzw. Fe-Hydroxiden eingesetzt.

6.6.1 Druckwechseladsorption

Hier wird das CO_2 unter Druck an Adsorber angelagert und zurückgehalten, das CH_4 kann die Adsorber passieren. Durch Druckabsenkung wird das CO_2 anschließend desorbiert. Dieses CO_2-haltige Gas wird erneut verdichtet und in eine Adsorberkolonne geleitet, um restliches Methan abzuscheiden. Da es mit vertretbarem Aufwand jedoch nicht möglich ist, das Methan vollständig abzuscheiden, muss der CO_2-Gasstrom in der Regel einer Nachbehandlung unterzogen werden. Um die Vorgaben der GasNZV hinsichtlich der maximalen Methanemissionen zu erfüllen, ist in der Regel eine zusätzliche Abgasreinigungsanlage (z. B. ein Schwachgasbrenner) erforderlich.

Anlagen die nach dem Prinzip der Druckwechseladsorption arbeiten, haben keinen zusätzlichen Bedarf an Wärmeenergie. Im Gegenteil, beim Betrieb der Druckwechseladsorptionsanlagen (s. Abb. 37) kann

Abb. 37 Druckwechsel-adsorptionsanlage

Abwärme ausgeschleust und zur Beheizung der Biogaserzeugungsanlage (Fermenter) mit verwendet werden.

Die übrige Wärmeenergie für den Betrieb der Biogaserzeugungsanlage muss entweder über eine mit Biogas betriebene Gastherme oder ein BHKW, oder eine Holzhackschnitzelheizung bereitgestellt werden. Die Verwendung eines BHKW zur Wärmeerzeugung ist dabei durch das EEG 2012 schwierig geworden, da einerseits die Nutzung der Abwärme für die Beheizung der Fermenter nur zu 25 % des in Kraft-Wärme-Kopplung genutzten Stroms angerechnet wird. Andererseits muss, um für das BHKW die Voraussetzungen zur Vergütung des Stroms nach dem EEG 2012 zu erreichen, der Nachweis erbracht werden, dass 60 % des Stroms in Kraft-Wärme-Kopplung genutzt werden. Ein mit Biogas betriebenes BHKW, das keine andere externen Wärmekunden versorgt, hat damit keinen Anspruch auf die Vergütung nach dem EEG. Es kann aber eine Vergütung in Höhe des Monatsdurchschnittspreises des Spotmarkts der Leipziger Strombörse verlangt werden.

Außerdem wird bei der Verwendung eines BHKW zur Wärmeerzeugung aufgrund des im Vergleich zu einer Gastherme deutlich geringeren thermischen Wirkungsgrades, eine sehr viel größere Biogasmenge zur Erzeugung der notwendigen Wärmemenge benötigt, was den Flächenbedarf zum Anbau von Substraten ebenfalls steigert.

6.6.2 Druckwasserwäsche

Bei diesem Verfahren wird das CO_2 unter Druck an Wasser absorbiert. Dabei werden auch H_2S und Ammoniak mit absorbiert, so dass hier auf eine Feinentschwefelung verzichtet werden kann.

Zur Entladung des Wassers wird dieses stufenweise entspannt. Dabei löst sich zunächst CH_4, das ebenfalls in geringen Mengen mit absorbiert wird. Anschließend wird weiter entspannt, um das CO_2 aus dem Wasser zu entfernen. Das dabei entstehende Abgas enthält immer noch Restmengen an CH_4, so dass es einer Abgasnachbehandlung zugeführt werden muss.

Ebenso wie die Druckwechseladsorption wird für dieses Verfahren elektrische Energie und keine Wärmeenergie verbraucht. Die Abwärme kann ausgeschleust werden.

6.6.3 Physikalische Absorption mit organischen Lösungsmitteln (Genosorb®-Wäsche)

Hier erfolgt die Adsorption ebenfalls unter Druck. Im Gegensatz zur Druckwasserwäsche dient allerdings ein organisches Lösungsmittel als Trägersubstanz. Dabei werden auch H_2S und Wasser absorbiert, so dass auch bei diesem Verfahren auf eine Feinentschwefelung verzichtet werden kann. Die Desorption findet stufenweise und unter Wärmezufuhr statt. Dabei kann die Abwärme aus den Kompressoren genutzt werden. Der Abgasstrom bedarf einer Nachbehandlung, um die Restmengen an CH_4 auf das zulässige Niveau zu entfernen.

Eine Wärmeauskopplung ist möglich.

6.6.4 Chemische Absorption mit organischen Lösungsmitteln

Bei diesem, häufig auch als Aminwäsche bezeichneten Verfahren, erfolgt die Absorption meist drucklos. Dabei wird auch H_2S absorbiert, so dass auf eine Feinentschwefelung verzichtet werden kann. Aufgrund möglicher Reaktionen des Absorptionsmittels mit Sauerstoff muss hier besonders auf einen niedrigen Sauerstoffgehalt im Biogas geachtet werden. Eine Grobentschwefelung mit Luft in den Fermentern ist deswegen hier ausgeschlossen.

Die Desorption findet unter Zufuhr von Wärme bei ca. 110–160 °C statt (FNR 2012). Das Verfahren benötigt deshalb Energie hauptsächlich in Form von Wärme. Dabei stellt sich die Frage, wie der enorme Wärmebedarf von 0,5–0,8 kWh/Nm^3 Rohgas (s. Tab. 10) bereitgestellt werden kann.

Um ihn aus Biogas zu decken, muss genügend Substrat zur Verfügung gestellt werden, was bei dem Bedarf, den Biogasanlagen mit Biogasaufbereitung ohnehin haben, oft nicht einfach zu realisieren ist. Auch die Gaserzeugungseinheit muss dann für diese Mehrmengen ausgelegt werden. In vielen Fällen wird eine Wärmeversorgung über Holzhackschnitzel nachgedacht, was ebenfalls mit einem großen verfahrenstechnischen Aufwand und entsprechendem Investitionsbedarf verbunden ist. Da Holzhackschnitzelheizungen zudem nur geringere Verfügbarkeiten als Gasthermen aufweisen, muss aus Gründen der Redundanz in der Regel eine zusätzliche Gastherme installiert werden.

Kennzeichnend für das Verfahren sind hohe Methankonzentrationen im Produktgas und sehr geringe Methankonzentration im Abgas, so dass in der Regel auf eine gesonderte Abgasreinigung verzichtet werden kann. Das Verfahren arbeitet drucklos.

6.6.5 Membranverfahren

Bei Membranverfahren macht man sich zunutze, dass die Biogasbestandteile aufgrund unterschiedlicher Molekülgrößen unterschiedliche Permeabilität besitzen. CO_2, H_2S, etc. haben eine höhere Permeabilität als CH_4. Auf diese Weise wird das CH_4 zurückgehalten und kann abgetrennt werden. Um einen möglichst hohen Abscheidegrad zu erreichen, passiert das Produktgas mehrere Membranstufen. Um Verstopfungen der Membranen zu vermeiden, sollte das zugeführte Gas vorher gereinigt werden, d. h. Stäube, Aerosole, H_2S und Wasser sollten abgeschieden werden.

Das Abgas bedarf einer Nachbehandlung zur Reduzierung der Methankonzentration auf die zulässigen Werte.

Bisher gibt es nur sehr wenige Membranverfahren, die in Deutschland zur Biogasaufbereitung eingesetzt werden.

6.6.6 Kryogene Verfahren

Hier macht man sich unterschiedliche Kondensationstemperaturen der Biogasbestandteile zunutze: Durch Abkühlen des Gases verflüssigen sich nacheinander CO_2, H_2S und CH_4.

Dem Autor ist keine Biogasanlage in Deutschland bekannt, die kryogene Verfahren im großtechnischen Maßstab einsetzt.

Wie die Abbildung 38 zeigt, überwiegen in Deutschland Verfahren der Aminwäsche, gefolgt von der Druckwasserwäsche und der Druckwechselabsorption.

Da bei allen Verfahren, außer der Aminwäsche, eine Nachbehandlung des Abgases notwendig ist um die Vorgaben des EEG bzw. der GasNZV zu erreichen, soll kurz auf die dafür zur Verfügung stehenden Möglichkeiten eingegangen werden.

- Schwachgasbrenner: Schwachgasbrenner arbeiten mit Methankonzentrationen von 4–5 %, und werden deshalb bevorzugt bei Biogasaufbereitungsverfahren mit relativ hoher Methankonzentration im Abgas eingesetzt (z. B. Druckwechseladsorption).
- Regenerativ-thermische Oxidation (RTO): Das Verfahren wird häufig bei Abgasen mit niedrigen Methankonzentrationen angewendet, wie z. B. der Druckwasserwäsche. Ist die Methankonzentration zu

Tab. 10 Kennwerte verschiedener Biogasaufbereitungsverfahren (FNR 2012)

		PSA	DWW	Physikalische Absorption mit organischen Lösungsmitteln	Chemische Absorption mit organischen Lösungsmitteln	Membran	Kryogen
Strombedarf	[kWh/ $m_n^3{}_{BG}$]	0,20–0,25	0,20–0,30	0,23–0,33	0,06–0,15	0,18–0,25	0,18–0,33
Wärmebedarf	[kWh/ $m_n^3{}_{BG}$]	0	0	~ 0,3	0,5–0,8	0	0
Temperatur Prozesswärme	[°C]	–	–	55–80	110–160	–	–
Prozessdruck	[bar]	4–7	5–10	4–7	0,1–4	5–10	
Methanverlust	[%]	1–5	0,5–2	1–4	0,1	2–8	
Abgasnachbehandlung notwendig? (EEG & GasNZV)		Ja	Ja	Ja	Nein	Ja	Ja
Feinentschwefelung des Rohgases notwendig?		Ja	Nein	Nein	Ja	Empfohlen	Ja
Wasserbedarf		Nein	Ja	Nein	Ja	Nein	Nein
Chemikalienbedarf		Nein	Nein	Ja	Ja	Nein	Nein

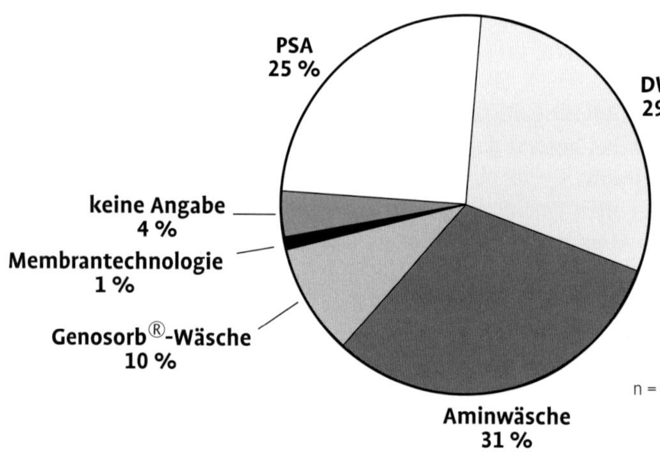

Abb. 38 Verteilung der Aufbereitungsverfahren zur Bereitstellung von Biomethan in Deutschland (2011) (DBFZ 2012)

niedrig, muss ein Stützgas zudosiert werden, um die notwendige Oxidationstemperatur zu erreichen.
- Katalytische Nachverbrennung: Die katalytische Nachverbrennung arbeitet ähnlich wie die RTO, aber auf niedrigerem Temperaturniveau. Sie ist vor allem bei sehr niedrigen CH_4-Konzentrationen im Abgas geeignet. Allerdings sind die verwendeten Katalysatoren empfindlich zum Beispiel gegenüber H_2S. Auch eine zu hohe Methankonzentration im Abgas kann, durch die dadurch verursachte Wärmeentwicklung, zu Schädigungen des Katalysators führen.

6.7 Wirtschaftlichkeit der Gasaufbereitung/-einspeisung

Der Investitionsbedarf für die Biogasaufbereitung zur Einspeisung in das Erdgasnetz ist beachtlich (Tab. 11).
Auch wenn die absoluten Werte, z. B. durch gestiegene Anforderungen an den zulässigen Methanschlupf und durch technische Neuerungen, heute nicht mehr aktuell sein mögen, zeigt die Zusammenstellung doch, dass für den Einstieg in diese Technologien ein hoher Investitionsbedarf erforderlich und die Kostendegression hin zu kleinen Leistungsklassen eher gering ist. Das heißt: Zum heutigen Zeitpunkt sind meist nur relativ große Einspeiseanlagen wirtschaftlich zu betreiben. Dementsprechend lag das durchschnittliche Einspeisevolumen in 2010 lediglich bei 778 Nm^3/h (Bundesnetzagentur für Elektrizität, Gas, Telekommunikation, Post und Eisenbahnen (Hrsg.) 2011). Durch das EEG 2012 wird vor allem die Leistungsklasse bis 700 Nm3/h Biomethan (das entspricht grob einer Anlage mit BHKW von 2,8 MW_{el}) besonders gefördert. Somit ist zu erwarten, dass in nächster Zeit vor allem Anlagen mit einer Nennleistung im oberen Bereich dieser Leistungsklasse gebaut werden. Zukünftig erwartet man sich von neuen Technologien (z. B. Membranverfahren) auch preisgünstige Lösungen in kleineren Leistungsklassen.

Je nach Verfahren und vor allem je nach Leistungsklasse liegen die Aufbereitungskosten von Rohgas zu Biomethan laut FNR (2012) bei

Tab. 11 Vergleich zum Investitionsbedarf für die CO_2-Abtrennung in T€ nach Urban et al., Fraunhofer 2009.

Verfahren, jeweils incl. Abgasbehandlung und Baunebenkosten	**Kosten in 1000 € bei einem Anlagendurchsatz von ... Rohgas in Nm^3/h**		
	250	500	1 000
Druckwasserwäsche	1 145	1 324	1 699
Druckwechseladsorption	k. A.	1 408	1 840
Aminwäsche (Prototyp)	847	1 057	1 556

1,4–2,3 ct/kWh_{Hs}. Die anteiligen Netzanschlusskosten des Betreibers liegen bei 0,1–0,2 ct/$kWh_{Hs.}$ Der Einspeiser erhält vermiedene Netznutzungskosten in Höhe von 0,7 ct/kWh_{Hs}. Andererseits sind dem Netzbetreiber Kosten für die Netznutzung (Transport und Ausspeisung) von 0,45–0,8 ct/kWh_{Hs} zu bezahlen. Darüber hinaus fallen Kosten für Bilanzkreismanagement und Biomethannachweisführung in Höhe von ca. 0,12–0,22 ct/kWh_{Hs} an.

7 Wirtschaftlichkeit von Biogasanlagen

DR. MARKUS HELM

Biogasanlagen sind Investitionsgüter, die mit einer Gewinnerzielungsabsicht gebaut und betrieben werden.

7.1 Einnahmen

7.1.1 Einnahmen aus dem Stromverkauf

NawaRo-Biogasanlagen beziehen Ihre Einnahmen zum weitaus größten Teil aus dem Verkauf von Strom. Dafür ist die Vergütungshöhe in Deutschland aktuell (Stand 2013) durch das EEG in seiner Fassung vom 28. Juli 2011 für das Inbetriebnahmejahr und die folgenden 20 Jahre festgelegt. So ergibt sich eine hohe Planungssicherheit für einen wesentlichen Teil der Einnahmen.

7.1.2 Einnahmen aus dem Verkauf von Wärmeenergie und Kippgebühren

Weitere Einnahmemöglichkeiten ergeben sich aus dem Verkauf von Wärmeenergie bzw. bei Abfallvergärungsanlagen über die Kippgebühren der angenommenen Abfälle. Diese sind bei reinen Abfallvergärungsanlagen die größte Einnahmequelle, die Einnahmen aus Strom folgen dann oft mit deutlichem Abstand an zweiter Stelle. Einnahmen aus Wärme sind dagegen nachrangig, aufgrund des oftmals relativ hohen Eigenwärmebedarfs dieser Anlagen für die Hygienisierung und die Beheizung größerer Betriebsgebäude.

Für die Wärmeenergie werden sehr unterschiedliche Vergütungen bezahlt. Beim Eigenverbrauch z. B. in Wohn- oder Wirtschaftsgebäuden werden häufig nur 1–2 Cent je kWh Wärme bezahlt. Ca. 2 Cent je kWh dürften auch den Gegenwert darstellen, der mindestens als Bemessungsgrundlage für die Versteuerung bei der Eigennutzung anzusetzen ist.

Kann die Wärme an Dritte (Fernwärmenetze, Industriebetriebe, etc.) abgegeben werden, können 5–6 Cent je kWh, z. T. sogar noch deutlich mehr erlöst werden. Wesentliche Einflussfaktoren auf den Preis haben dabei die regionalen Gegebenheiten und die gebotene Versorgungssicherheit. Um letztere bieten zu können, sind zusätzliche Einrichtungen wie Erdgasbrenner, etc. vorzuhalten. Hier ist es wichtig, dass die Rahmenbedingungen vertraglich geklärt werden.

Problematisch ist es in vielen Fällen Verbraucher zu finden, die dann Wärme benötigen, wenn die Biogasanlagen einen großen Überschuss bieten, nämlich in den Sommermonaten. Zu diesem Zeitpunkt ist der

Bedarf speziell bei der Versorgung von Wohn- und Bürogebäuden ebenfalls sehr gering.

Sehr viel interessanter sind hingegen gewerbliche Abnehmer, die das ganze Jahr über einen hohen Wärmegrundlastbedarf haben und dafür die Wärme der Biogasanlage abnehmen. Dabei bedarf es nicht sehr viel Fantasie, um zu ahnen, dass sich solche Abnehmer nur in sehr seltenen Fällen finden lassen.

Da das EEG 2012 aber vorgibt, dass (außer bei den 75 kW_{el} Gülleanlagen und den Bioabfallvergärungsanlagen nach § 27a) 60 % des erzeugten Stroms in Kraft-Wärme-Kopplung zu nutzen sind, für die Beheizung der Fermenter aber max. 25 % des in Kraftwärmekopplung erzeugten Stroms angerechnet werden dürfen, ist der Zwang zur Wärmenutzung gestiegen. Für viele Anlagenbetreiber, vor allem von Anlagen mittlerer Leistung in ländlichen Gebieten, ergibt sich hier oftmals nur die Möglichkeit der mehr oder weniger sinnvollen Nutzung der Wärme zur Aufbereitung von Gärresten zur Düngemittelherstellung oder in ORC-Prozessen. Eine Vergütung für die Wärme wird man bei derartiger Nutzung wohl kaum in der Praxis ansetzen können.

Art und Umfang der zugelassenen Wärmenutzung ergibt sich aus den Regelungen des EEG.

7.1.3 Verkauf von Biogas

In Einzelfällen verkaufen die Biogasanlagenbetreiber nicht Strom und/oder Wärme, sondern ihr Biogas zur Nutzung an einen Dritten, z. B. Unternehmen oder Stadtwerke. In diesem Fall sind privatrechtliche Verträge zu schließen. Die Vergütung ergibt sich aus den entsprechenden Vereinbarungen. Dabei ist es für den Anlagenbetreiber von äußerster Wichtigkeit Partner zu finden, die ihm aufgrund ihrer Bonität und der angebotenen Verträge eine langfristige Abnahmesicherheit bieten.

Für Biogas gibt es keine eichfähigen Zähleinrichtungen. Somit ist die Abrechnung beim Verkauf von Biogas schwierig. Falls das verkaufte Biogas vom Käufer verstromt wird, bietet es sich eventuell an, anhand des erzeugten Stroms oder der erzeugten Wärme abzurechnen. Dabei hat der Biogasanlagenbetreiber allerdings in der Regel keinen Einfluss auf die BHKW-Verfügbarkeit und dessen Wirkungsgrad.

Der Preis für das verkaufte Biogas muss sich an dessen Herstellungskosten zuzüglich eines Gewinn- und Wagniszuschlags orientieren. Eine Wettbewerbsfähigkeit mit Erdgas ist derzeit nicht gegeben.

7.1.4 Ertragsprognose/Kalkulationsgrundlagen

Bei der Prognose der Einnahmen aus dem Verkauf von Strom und Wärme ist eine Kalkulation ausgehend von den Biogaserträgen der eingesetzten Stoffe aufzubauen. Einen guten Anhaltspunkt für konservativ-realistische Biogaserträge bieten die Richtwerte für die Gasausbeute in den Faustzahlen Biogas (KTBL 2009) (Tab. 12).

Tab. 12 Richtwerte für die Gasausbeute verschiedener Substrate (KTBL 2009)

Substrat	Anmerkungen/Eigenschaften	TM %	davon oTM %	Biogasertrag l_N/kg oTM	Methan-gehalt %
Wirtschaftsdünger					
Geflügelmist	abhängig vom Stroh-/Kot-Verhältnis	40	75	500	55
Rindermist	wenig gelagert	25	85	450	55
Rindergülle	mit Futterrest	10	80	380	55
Schweinegülle	-	6	80	420	60
Nachwachsende Rohstoffe					
Maissilage	-	33	95	650	52
CCM	-	65	98	730	52
Sorghumsilage	-	28 [1]	90	610	52
Getreide-GPS	mittlerer Kornanteil	33	95	620	53
Grünroggensilage	-	25 [1]	90	600	53
Sonnenblumensilage	-	25	90	520	57
Zuckerrübensilage	oTM säurekorrigiert	23	90	700	52
Futterrübensilage	oTM säurekorrigiert	16	90	700	52
Getreidekorn	gequetscht/gemahlen	87	97	730	52
Körnermais	gequetscht/gemahlen	87	98	730	52
Stroh	kurzgehäckselt	86	90	400	52
Grassilage	-	35	90	600	53
Landschaftspflegegras	-	50	85	200–400 [2]	50
Kleegrassilage	-	30	90	580	55
Klee-/Luzernesilage	-	30	90	530	55
Substrate aus der Weiterverarbeitung und organische Reststoffe [3]					
Bioabfall [4]	-	40	50	615	60
Kartoffelschlempe	Alkoholproduktion	6	85	670	54
Getreideschlempe	Alkoholproduktion	6	94	700	55
Getreideabfälle	-	88	85	650	56
Glycerin	Reinheitsgehalt	100	99	850	50
Rapskuchen	99 % = 1,3 kg/l	92	87	660	60
Speisereste [4]	-	16	87	680	60

[1] Nach Anwelken. [2] Stark abhängig vom Verholzungsgrad/Ligningehalt.
[3] KTBL (2005): Faustzahlen Biogas, überarbeitet nach erneuter Datenerhebung.
[4] Bioabfall und Speisereste setzen sich aus einer Vielzahl unterschiedlicher Herkünfte zusammen; im Einzelnen können sich die tatsächlichen Gasausbeuten stark von den hier angegebenen Werten unterscheiden.
KTBL (in Vorbereitung): Gasausbeute in landwirtschaftlichen Biogasanlagen, überarbeitete Auflage, Darmstadt, verändert

Die Höhe der anzunehmenden Gaserträge ist oft ein vieldiskutierter Punkt bei Wirtschaftlichkeitsbetrachtungen. Fakt ist, dass es kaum belastbare Praxiszahlen zu Biogaserträgen gibt, da

- die meisten Biogasanlagen einen Input-Mix verarbeiten und die Gasmenge somit den Inputstoffen nicht zuzuordnen ist,
- nur die wenigsten Biogasanlagen geeignete Zähleinrichtungen für Biogas haben und
- die Genauigkeit der Zähleinrichtungen sehr fraglich ist. Zudem muss eine Umrechung auf Normkubikmeter erfolgen, was in den seltensten Fällen gemacht wird.

Eine Rückrechnung aus den Stromerträgen erscheint besser geeignet zu sein, wobei dann die Annahmen zum elektrischen Wirkungsgrad einen entscheidenden Einfluss auf das Ergebnis haben.
Vor diesem Hintergrund ist die Verwendung der KTBL-Richtwerte angeraten. Wie die Verteilungskurve in Abbildung 39 zeigt, sind zwar in bis zu 25 % der Fälle Mehrerträge in Höhe von 10 % und mehr möglich. Mit nahezu gleicher Wahrscheinlichkeit sind aber auch Mindererträge zu erwarten.

Bei wichtigen Einzelfallentscheidungen und bei Stoffen, für die keine geeigneten Tabellenwerte vorliegen, sollte ein Gasertragstest, z. B. nach der VDI 4630 bzw. dem Gärtest GB 21 mit Bestimmung des Methananteils durchgeführt werden. Im Falle wichtiger Entscheidungen muss dabei auf eine repräsentative Probennahme und auf eine, besser mehrere Wiederholungen des Tests geachtet werden. Außerdem ist zu berücksichtigen, dass unter den kontrollierten Bedingungen im Labor häufig 10–15 % höhere Gaserträge angezeigt werden als sich unter Praxisbedingungen einstellen.

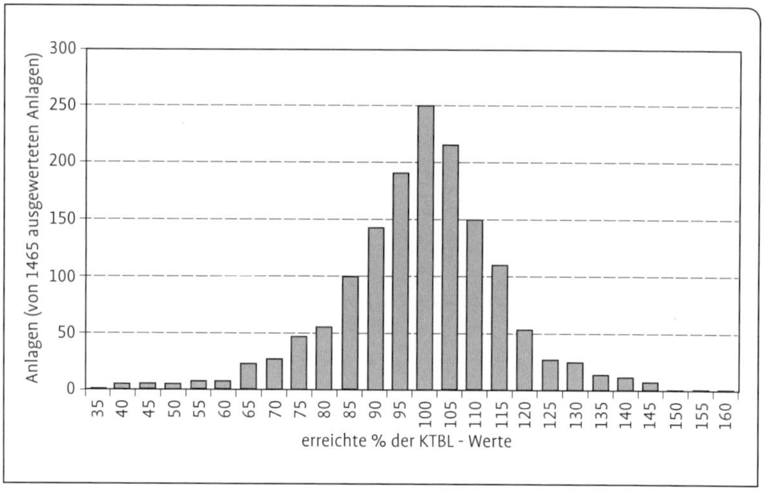

Abb. 39 Relative Substratausnutzung von 1465 Biogasanlagen bezogen auf KTBL Richtwerte (nach KTBL 2010)

Der Vollständigkeit halber soll hier erwähnt werden, dass natürlich die Substratqualität einen entscheidenden Einfluss auf die zu erwartende Gasmenge hat. Stark verholztes Material, verdorbene Substrate, etc. sind zu vermeiden. Zu trockenes und damit häufig verholztes und schwer zu silierendes Material ist ebenso zu vermeiden, wie zu nasses schlecht zu konservierendes Material. Bei externer Lieferung sind im Liefervertrag entsprechende Regelungen zur Substratqualität aufzunehmen. Dabei sollte aber auch der Analysen- und Beprobungsaufwand auf ein praktizierbares, realistisches Niveau begrenzt werden.

Bei der Berechnung der zu erwartenden Gaserträge darf natürlich nur die Nettosubstratmenge berücksichtigt werden, d. h. die Silierverluste von durchschnittlich ca. 10 % der Masse sind vorher abzuziehen.

Wie viel Biogas tatsächlich gebildet wird, hängt darüber hinaus auch von der Verfügbarkeit der Biogaserzeugungsanlage ab. Durch Ausfall der Biogaserzeugungsanlagen bzw. Teilen davon ist vor allem bei etwas älteren Biogasanlagen mit häufigeren und längeren Betriebsunterbrechungen zu rechnen. Als besonders störanfällig erwiesen sich z. B. das BHKW, das Feststoffeintragsystem, Pumpen und Rührwerke (s. Abb. 40) (KTBL 2009). Wenn nach einigen Betriebsjahren die Sedimente aus den Behältern entfernt oder Sanierungsmaßnahmen am Beton der Behälter anstehen ist auch mit längeren Betriebsunterbrechungen zu rechnen. Dadurch wird weniger Gas gebildet werden als für den Regelbetrieb veranschlagt.

Nicht das gesamte erzeugte Biogas kann im BHKW verwertet werden. Durch Ungleichmäßigkeiten im biologischen Prozess wird nicht zu vermeiden sein, dass vor allem bei Biogasanlagen, die an der Leistungsgrenze des BHKW betrieben werden, Biogas über Überdrucksicherungen entweicht. Aber auch beim Ausfall des BHKW wird es zu

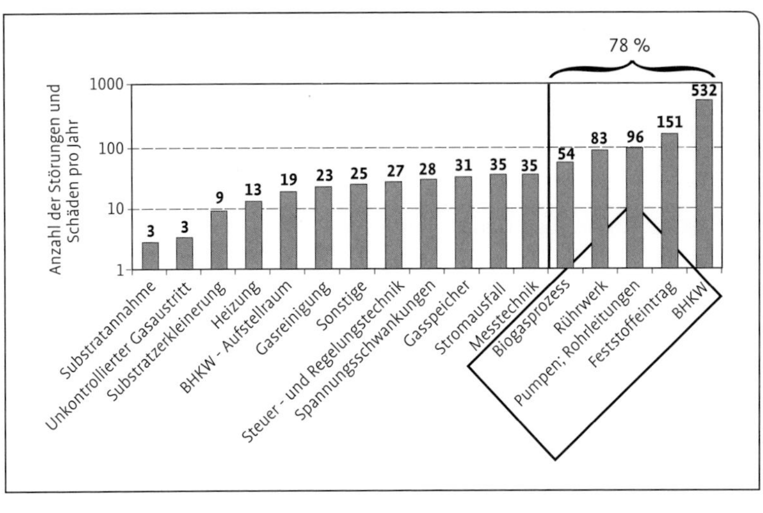

Abb. 40 Störungen und Schäden an Funktionseinheiten von Biogasanlagen (KTBL 2009)

Biogasverlusten kommen: Die Gasspeicher haben im Leerzustand oft nur eine Speicherkapazität von wenigen Stunden. Im Regelbetrieb werden sie aber selten bis unter 30 % des Maximalfüllstands gefahren, da bei geringeren Füllständen Füllstandsanzeigen häufig ungenau arbeiten und das BHKW in Folge zu oft in der Leistung reduziert oder sogar abgeschaltet wird.

Eine BHKW-Verfügbarkeit von 95 % der Jahresstunden, das entspricht 8 322 h/a Volllast, ist bei optimal gewarteten BHKW möglich, aber längst nicht der Durchschnitt in der Praxis. Bei einem Vergleich von 61 Biogasanlagen im Rahmen des Biogas-Messprogramm II (FNR 2009) wurde eine durchschnittliche Auslastung der BHKW von 85 % festgestellt, entsprechend 7 468 Volllaststunden pro Jahr. Die Umfrage des Deutschen Biomasse Forschungszentrums (DBFZ 2012)zeigte, dass die mittlere jährliche Betriebsstundenzahl mit dem Alter der Anlagen zurück geht: Während Anlagen mit dem Inbetriebnahmejahr 2009–2010 einen Mittelwert von 8 273 h/a aufwiesen, erreichten die vor dem Jahr 2000 in Betrieb genommenen Anlagen nur einen Mittelwert von 6 911 h/a.

Zwar wird der umsichtige Betreiber bei planbaren Wartungsarbeiten rechtzeitig die Substratzufuhr in die Fermenter drosseln, es wird dennoch nicht zu vermeiden sein, dass wegen Nichtverfügbarkeit des Blockheizkraftwerks Biogas abgefackelt werden muss und dann zur Stromerzeugung nicht mehr zur Verfügung steht.

Der elektrische Wirkungsgrad eines BHKW laut Datenblatt und der in der Praxis erzielt Wirkungsgrad können stark differieren. Bei den im Biogasmessprogramm begleiteten Anlagen (Inbetriebnahmejahr nach dem 01.01.2004) wurde lediglich ein durchschnittlicher elektrischer Wirkungsgrad von 36,5 % festgestellt!

Dabei kann ein um 1 % geringerer elektrischer Wirkungsgrad bei einer 500 kW_{el} Biogasanlage, je nach der Höhe der tatsächlichen Vergütung, leicht Mindererträge von ca. 20 000 €/a bedeuten.

Und selbst der vom BHKW erzeugte Strom kann nicht komplett verkauft werden: Ca. 1–2 % sind als Trafo- und Netzverluste abzuziehen.

Beim Verkauf von Wärme sind dagegen deutlich höhere Netz- und Übertragungsverluste von häufig 15–25 % zu berücksichtigen.

Gärrest ist hinsichtlich seiner Gehalte an Nährstoffen ein werthaltiges Düngemittel. In der Praxis dürften allerdings eher selten Erlöse aus dem Verkauf von Gärrest erzielt werden können, auch wenn vor dem Hintergrund steigender Düngemittelpreise das Interesse an der Abnahme von Gärrest steigt. Hier sind allerdings auch regionale Aspekte zu beachten: In Regionen mit hoher Viehdichte und einem Überangebot an organischen Düngemitteln ist meistens eine Zuzahlung des Anlagenbetreibers notwendig, um externe Abnehmer zu finden.

Im Inbetriebnahmejahr ist mit entsprechend reduzierten Einnahmen zu rechnen. Je nach den Umständen (Witterung, Verfügbarkeit von Impfmaterial, auftretende Störungen), Geschick und vor allem Geduld des Inbetriebnehmers kann die Zeit von der Erstbefüllung bis zum Volllastbetrieb 3–6 Monate dauern.

Dafür ist ein ausreichender finanzieller Puffer zu schaffen. Die praktischen Erfahrungen zeigen, dass vor allem ein zu schnelles Steigern der täglichen Inputmengen zu Rückschlägen und damit letztendlich zu Verzögerungen beim Erreichen der Sollleistung führen. Auch die Schwachstellen im Bereich der Eintragstechnik, bei Pumpen und Rohrleitungen, der Separation, dem BHKW, etc. zeigen sich häufig in der Inbetriebnahmephase und verzögern den Zeitpunkt des Volllastbetriebes.

7.2 Kosten

Speziell in der Planungsphase, also bereits vor einer Investitionsentscheidung, ist es wichtig, dass alle Kostenfaktoren berücksichtigt werden, vor allem auch Positionen, die erst in späteren Jahren anfallen.

Eine gute Checkliste hierfür befindet sich in der VDI 4631.

7.2.1 Investitions- und Finanzierungskosten

Auf der Kostenseite sind die Ausgaben für die Finanzierung (Zins und Tilgung, Leasing) in der Regel die höchste Position. Entscheidend ist hier die angesetzte Laufzeit in der die Darlehen getilgt werden sollen. Es ist davon auszugehen, dass die meisten Finanzinstitute für Standardanlagen einen Eigenkapitalanteil von 20–30 % fordern, je nach Bonität des Kunden.

Die Finanzierungskosten hängen natürlich in ganz erheblichem Umfang vom Investitionsbedarf ab. Und gerade hier ist es wichtig, dass nicht die Kernanlage (Eintragstechnik, Fermenter, Gärrestlager, BHKW, Substrat-, Wärme- Gas- und Elektrotechnik) alleine, sondern auch die Peripherie wie

- Maschinen (Radlader, Kehrmaschine, etc.)
- Persönliche Schutzausrüstungen
- Planung und Genehmigung
- Juristische und fachliche Beratung und Vertragsprüfung
- Abnahmen
- Erdarbeiten
- Gebäude
- Erschließungskosten (Strom, Wasser, ggf. Abwasser)
- Zufahrten
- Fahrflächen, Tore, Zaun, Beleuchtung
- Waage
- Substrat- und Gärrestlager
- Entwässerung
- Trafo und Netzanschluss
- Grundstückskosten

mit berücksichtigt werden. Eine gute Checkliste hierfür findet sich wieder in der VDI 4631.

Am Ende ist wichtig – vor allem wenn die Anlage nicht von einem Generalunternehmer geliefert wird – alle Schnittstellen zu klären:
- Inputstoffe
- Gärreste
- Strom, Wasser, Gas, Abwasser.

An dieser Stelle mit Faustzahlen beispielsweise € pro kW_{el} zu arbeiten ist aufgrund der ganz unterschiedlich angebotenen Lieferumfänge in der Regel nicht sinnvoll. Vielmehr sollte jeder Interessierte für sein Biogasanlagenprojekt Angebote von 2–3 Lieferanten einholen. Biogasanlagenhersteller haben häufig Standardlieferumfänge und versenden Standardangebote, die nicht unmittelbar vergleichbar und zudem nur bedingt auf die Situation am geplanten Standort zugeschnitten sind. Deshalb ist es in der Regel gut investiertes Geld, wenn man sich zur Angebotsabfrage und deren Auswertung sowie zur Abnahme der Anlage professioneller Hilfe erfahrender Fachleute bedient. Außerdem sollte der Kaufvertrag in jedem Fall einer juristischen Prüfung unterzogen werden. Die Ausgaben für diese Leistungen betragen nur einen Bruchteil des Investitionsaufwandes und sollten zur Absicherung unbedingt getätigt werden, da eine Biogasanlage kein Serienprodukt wie z. B. ein Auto darstellt, für den Investor in der Regel aber eine der größten Investitionen seines Lebens.

In jedem Fall ist zu empfehlen, sich bei der Angebotsabfrage bei erfahrenen Herstellern umzusehen und in bewährte Technik zu investieren. Neue Techniken beinhalten oft ein besonderes Risiko, das entsprechend bewertet werden muss. Dies gilt insbesondere im Bereich der Eintrags- und Austragstechnik, da die regelmäßige Substratzufuhr im gewünschten Umfang die Hauptvoraussetzung für den erwarteten Gasertrag darstellt.

7.2.2 Substratkosten

Den zweitgrößten Kostenblock nach den Kosten für die Investition bilden bei NawaRo-Anlagen meistens die Kosten für Substrate.

Hier war in den letzten Jahren eine deutliche Steigerung zu verzeichnen. Vor allem aufgrund der gestiegenen Getreidepreise (s. Abb. 41) aber auch wegen der gestiegenen Nachfrage nach Silagen. Insbesondere in Regionen mit hoher Dichte an Biogasanlagen wie in Teilen Niederbayerns, Niedersachsens und Schleswig-Holsteins besteht bei vielen Anlagenbetreibern die Bereitschaft, hohe Substratpreise zu bezahlen.

Während bis zur Mitte des Jahrzehnts für fertige Maissilage mit Preisen zwischen 22 und 25 €/t zu rechnen war, werden heute nicht selten mehr als 40 €/t bezahlt. Umfragen des Fachverband Biogas e. V.

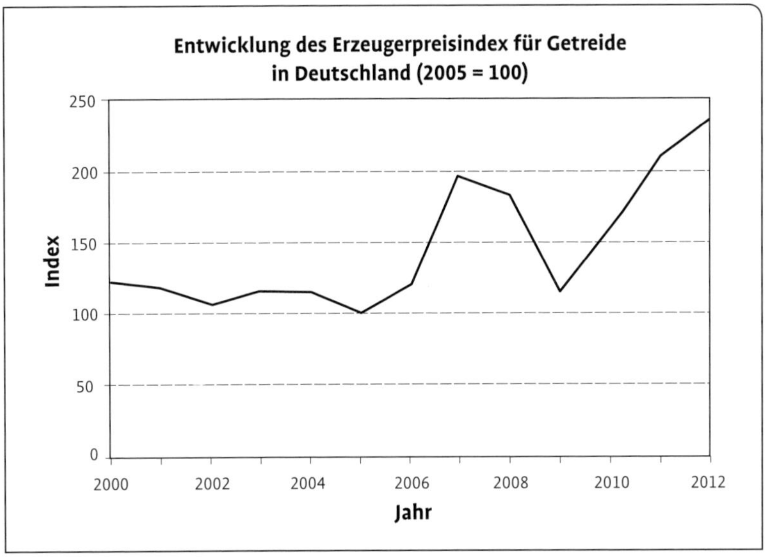

Abb. 41 Entwicklung des Erzeugerpreisindex für Getreide ohne Umsatzsteuer in Deutschland (2005 = 100) (Quelle: Stat. Bundesamt)

aus 2010, 2011 und 2012 (Biogas Journal, Rauh) zeigen das aktuelle Niveau (s. Tab. 13)

Auffallend ist dabei, dass sich offensichtlich die Marktpreise (siehe Tab. 13) von den eigentlichen Erzeugungskosten (LfL 2008) entfernt haben.

In unerwarteten Steigerungen der Substratpreise liegen somit auch häufig die größten Risiken für die Wirtschaftlichkeit von Biogasprojekten.

Biogasanlagenbetreiber, die die Substratversorgung weitestgehend aus eigener Produktion sichern können, haben hier entscheidende Vorteile. Je größer der Anteil an Substraten, die zugekauft werden muss,

Tab. 13 Marktpreise für unterschiedliche Substrate (nach Umfrage des Fachverbands Biogas in den Jahren 2010, 2011 und 2012)

	Mittlerer Preis frei Silo [€/t FM]		
	2010	**2011**	**2012**
Silomais	30,4	31,2	31,9
Grassilage	25,7	27,1	25,6
Getreide-GPS	33,8	33,4	
Getreidekorn	144,5	174,7	191,7
Grünroggen	24,2	27,1	
Zuckerrüben		32,5	36,3
Zuckerhirse		27,1	

umso risikoreicher wird ein Projekt. Langfristige Lieferverträge mit moderaten und nach oben gedeckelten Preisgleitklauseln müssen das Risiko in diesen Fällen reduzieren.

Wie bereits bei der Behandlung der Schnittstellenproblematik angeklungen ist, muss natürlich festgelegt werden, wo und wie die Substrate übergeben werden (s. Tab. 14).

Tab. 14 Schnittstellen für die Übergabe von Substraten

Übergabestelle	Charakteristika
Ab Halm	das Ertrags- und Ernte-, z. T. auch das Qualitätsrisiko trägt der Abnehmer Kosten für Ernte, Transport, Einlagerung trägt in der Regel der Abnehmer Silierverluste und Risiko der Silierung trägt der Abnehmer
Frei Silo	Ertrags-, Ernte- und Qualitätsrisiko trägt der Lieferant Kosten für Ernte und Transport trägt der Lieferant
Fertige Silage	Alle Risiken liegen beim Lieferanten, der diese entsprechend bepreisen wird

Die Übergabestelle hat einerseits erheblichen Einfluss auf den Substratpreis (siehe Tab. 14), andererseits müssen aus Sicht der Biogasanlage die nicht vom Lieferanten gebotenen Dienstleistungen jeweils als Kostenfaktoren mit berücksichtigt werden.

Auch die Frage der Gärrestrücknahme ist in diesem Zusammenhang zu klären. Bei NawaRo-Anlagen wird in der Regel vereinbart, dass der Substratlieferant entsprechende Gärrestmengen wieder zurücknimmt. Damit hat der Biogasanlagenbetreiber eine Sicherheit der Gärrestverwertung, der Substratlieferant erhält die Nährstoffe zur Düngung zurück. Die Details dazu, wie

- Zeitpunkte für die Rücklieferung
- Qualitätsparameter, Analysenumfang
- Entgelte

sollten in den Substratlieferverträgen mit geregelt werden. Da die exakte Gärrestmenge nicht vorhergesagt werden kann, sollten daher auch in den entsprechenden Verträgen keine exakten Mengen vereinbart werden. Bei Abfallvergärungsanlagen ist das Thema der Gärrestverwertung komplexer.

Auch für die Gestaltung der Substratlieferverträge, die für den Erfolg eines Biogasprojektes von großer Bedeutung sind, müssen vor allem Regelungen zu

- den Schnittstellen,
- der Substratqualität einschließlich Beprobung und Analytik,
- Preis und Preisanpassung,

- den Fristen zur Lieferung und Bezahlung,
- der Gärrestrücknahme,
- den erntebedingten jährlichen Über- oder Untermengen

aufgenommen werden. Auch hier sollte man unbedingt professionelle fachliche und juristische Hilfe in Anspruch nehmen.

Bei Abfallvergärungsanlagen ist bezüglich der Preise ein entgegen gesetztes Phänomen zu beobachten: Seit Jahren verfallen die Preise z. B. für Bioabfälle aus Haushalten. Während mit der Einführung der Getrenntsammlung in den 1990er Jahren der Anlagenbetreiber noch mit Einnahmen von umgerechnet 100–150 €/t rechnen konnte, sind heute – je nach Region – oft nicht mehr als 35–45 €/t zu erwarten. Für bestimmte Abfallarten, wie z. B. hochkonzentrierte Fette, die wegen des hohen Gasertrags und der leichten Verarbeitbarkeit in Biogasanlagen sehr begehrt sind, ist damit zu rechnen, dass der Anlagenbetreiber für die Lieferung sogar bezahlen muss. Indes sollten bei starken Abweichungen von diesen Marktbedingungen die Alarmglocken läuten: Bei vermeintlich für den Anlagenbetreiber ungewöhnlich günstigen Konditionen sollten Herkunft, Reinheit und gegebenenfalls Schadstoffgehalte eingehend geprüft werden.

Da die Substrate erntebedingt im Sommer und Herbst eines Jahres eingelagert und in den meisten Fällen bezahlt werden müssen, die Stromerträge aber gleichmäßig über das Jahr verteilt fließen, sind die Kosten der Vorfinanzierung der lagernden Substrate zu berücksichtigen.

7.2.3 Kosten für Reparatur, Wartung und Instandhaltung sowie Ersatzinvestitionen

Kosten für Reparatur, Wartung und Instandhaltung (RWU) der Anlage bilden einen weiteren Block.

Die Praxis zeigt, dass diese Kosten gerade in der Planungsphase unterschätzt werden. Ausgaben für Ersatzinvestitionen, die erst in späteren Jahren anfallen (z. B. BHKW, Rührwerke, Gasspeicherdächer) und längere Betriebsunterbrechungen, wie beispielsweise das Entleeren der Fermenter, um die Sedimente zu entfernen oder um Betonschäden auszubessern, werden häufig nicht berücksichtigt. Nach der VDI 4631 sind bei landwirtschaftlichen Biogasanlagen für bauliche Anlagen jährlich wenigstens 1 % der entsprechenden Investitionssumme und für die Technik (ohne BHKW) weitere 5 % zu veranschlagen. Dabei ist davon auszugehen, dass in den ersten Betriebsjahren Rücklagen gebildet werden können, die dann für die zu erwartenden größeren Reparaturen aufgelöst werden.

Bei Abfallvergärungsanlagen, die z. B. Bioabfälle aus Haushalten verarbeiten, müssen zum Teil noch deutlich höhere Ansätze gewählt werden. Sie weisen meist sowohl einen hohen Sand- als auch einen hohen Störstoffanteil auf, was die Ursache für einen verstärkten Verschleiß ist.

Für RWU des BHKW sind zusätzliche Kosten zu veranschlagen, die stark von der Leistungsklasse abhängen und im Bereich von 1–2 Cent/kWh liegen. Gute weiterführende Informationen bietet hierfür eine Veröffentlichung der Arbeitsgemeinschaft für sparsamen und umweltfreundlichen Energieverbrauch e.V (ASUE 2011).

7.2.4 Personalkosten

Als nächste Position sind die Personalkosten für
- Routinebetrieb
- Wartung und Instandhaltung (sofern diese selbst ausgeführt werden)
- Verwaltung (Abrechnungen)
- Geschäftsführung

zu veranschlagen. Auch hier wird man bei Abfallvergärungsanlagen aufgrund der aufwendigeren Technik und des deutlich höheren zu erwartenden Verschleißes höhere Ansätze treffen müssen als bei NawaRo-Anlagen. Anhaltspunkt für die Höhe der Personalkosten liefert die VDI 4631.

7.2.5 Eigenstrombedarf

Der Eigenstrombedarf einer Anlage kann entweder aus der eigenen Produktion gedeckt werden (sog. Überschusseinspeiser), oder die Anlage speist den gesamten produzierten Strom ein und kauft den benötigten Eigenstrom zu. Welcher Weg beschritten wird ist in erster Linie eine Frage des Verhältnisses von Einspeisetarif und den Kosten für den Bezug von Strom. Bei den NawaRo-Biogasanlagen wird der Eigenstrom in der Regel zugekauft, bei Abfallvergärungsanlagen mit ihrem relativ niedrigen Einspeisetarif kann die Überschusseinspeisung in den weitaus häufigeren Fällen der profitablere Weg sein.

Die Menge des benötigten Eigenstroms ist zunächst abhängig von der Anlagenart: Abfallvergärungsanlagen mit ihrer aufwändigen Aufbereitungs- und Lüftungstechnik verbrauchen sehr viel mehr Eigenstrom als NawaRo-Anlagen. Während bei Abfallvergärungsanlagen der Eigenstrombedarf bis über 60 % des produzierten Stroms beträgt, liegt diese Quote bei den meisten NawaRo-Anlagen incl. BHKW grob zwischen 6 und 10 % des erzeugten Stroms. In Einzelfällen sind aber auch 20 % und mehr möglich. Einfluss auf den Eigenstromverbrauch haben vor allem:
- Die Substrate: Anlagen mit einem hohen Gülleanteil haben einen höheren Eigenstromanteil als NawaRo-Anlagen.
- Die Aufbereitungstechnik: hier ist speziell bei NawaRo-Anlagen genau zu prüfen, ob geplante Mehrerträge an Strom nicht durch die Aufbereitungstechnik (Stromertrag und RWU) ausgeglichen werden
- Die Rührwerkstechnik: Bei Tauchmotorrührwerken ist der Eigenstrombedarf höher als bei Langsamläufern

Hauptsächliche Strom-Verbraucher sind die Rührwerke, das BHKW und oft auch der Feststoffeintrag.

Einer besonderen Würdigung bedarf der Eigenstromverbrauch auch bei Anlagen zur Aufbereitung von Biogas zu Biomethan. Je nach Verfahren beziehen sie den Hauptteil der benötigten Energie entweder aus Strom oder aus Wärme.

7.2.6 Weitere Kostenpositionen

Weitere im Rahmen einer Wirtschaftlichkeitsbetrachtung zu berücksichtigende Kostenpositionen sind (siehe VDI 4631)
- die biologische Betreuung/Analytik,
- der Verbrauch an Wasser, vor allem bei Abfallvergärungsanlagen,
- der Aufwand an Gärhilfsstoffen (Spurenelemente, Eisenoxide zur Entschwefelung),
- Betriebshilfsstoffe wie Öl und Kraftstoffe,
- Entsorgungskosten,
- Die Betriebskosten für mobiles Equipment wie Radlader,
- Gärrestverwertung.

Daneben fallen Kosten für die Verwaltung an:
- Externe Buchführung und Abschlüsse
- Mitgliedsgebühren (Verbände, IHK, Berufsgenossenschaften)
- Versicherungen
- Gutachten (Umweltgutachter, sicherheitstechnische Prüfungen)

Im ersten Betriebsjahr mit seiner Bau- und Inbetriebnahmephase ist mit zusätzlichen Kosten zu rechnen für:
- Erstbefüllung der Fermenter mit Impfmaterial
- Miete und Verbrauchskosten für ein Heizaggregat
- Betriebsstoffe: Erstbefüllung mit Ölen, etc.
- Baustrom, Bauwasser

7.3 Rentabilität

Bei Rentabilitätsbetrachtungen, die in der Regel aus einer Gegenüberstellung von jährlichen Einnahmen und Ausgaben bestehen (Liquiditätsbetrachtung), ist zu berücksichtigen, dass vor allem auf der Kostenseite Steigerungen durch allgemeine Teuerungseffekte zu erwarten sind. Bei den Substraten können zudem starke Markteffekte auftreten, die sich auf die Preise auswirken. Eine Wirtschaftlichkeitsbetrachtung sollte deshalb immer über den gesamten geplanten Nutzungszeitraum einer Biogasanlage, d. h. bei NawaRo-Anlagen das Inbetriebnahmejahr plus 20 Jahre umfassen.

Wird der durchschnittliche jährlich zu erwartende Überschuss ins Verhältnis zum investierten Eigenkapital gesetzt, ergibt dies die Eigenkapitalrendite, die als Maßzahl zur Bewertung der Investition herangezogen werden kann. Dabei sollten für NawaRo-Biogasanlagen mit Eigenkapitalrenditen von 5–10 % gerechnet werden können. Gewerbliche Investoren wie z. B. Energieversorger, etc. erwarten in der Regel deutlich mehr. Diese sind mit Biogasanlagen aber kaum darstellbar.

Neben dieser Liquiditätsbetrachtung sollte, in Zusammenarbeit mit einem Steuerfachmann, eine steuerliche Betrachtung unter Berücksichtigung der Abschreibungen durchgeführt werden.

Nach den Erfahrungen aus der Praxis und der Begutachtung zahlreicher Biogasprojekte zeigt sich, dass vor allem die sichere Belieferung von Biogasanlagen mit Substraten zu vernünftigen Preisen ein wichtiger Schlüssel zum wirtschaftlichen Erfolg ist.
Weitere wichtige Erfolgsfaktoren sind:
- Guter Standort mit ausreichenden Abständen zur Nachbarschaft
- Einsatz bewährter Technik
- Motiviertes und gut ausgebildetes Betriebspersonal

8 Welche Gewährleistungsrechte bestehen beim Bau einer Biogasanlage?

RA Patrick Rosenow

Einleitung

Neben den Fragen nach den erforderlichen öffentlich-rechtlichen Genehmigungen zur Errichtung und zum Betrieb einer Biogasanlage, stellen sich vor und nach dem Bau der Biogasanlage Fragen nach den zivilrechtlichen Rahmenbedingungen für den Bau der Anlage. Hierbei spielen insbesondere Fragen nach der Form der Beauftragung und dem Bestehen von Gewährleistungsrechten im Fall einer mangelhaften Erstellung eine Rolle. Diese Fragen sind auch später bei Anlagenerweiterungen oder -änderungen relevant. Im Nachfolgenden wird ein Überblick über das Werkvertragsrecht gegeben, das unter den §§ 631 ff. Bürgerliches Gesetzbuch (BGB) geregelt ist.

8.1 Beauftragung

Eine Biogasanlage besteht aus zahlreichen Komponenten, das sind u. a. Häcksler, Dosierer, Fermenter mit Rührwerken, Förderaggregate, Heizungen, Messfühler, Gasleitungen, Gasanalyse, Steuer- und Regeltechnik, BHKW und Gasaufbereitung, die in sich zusammenwirken und in der Regel von verschiedenen Herstellern stammen. Es gibt Komplettanbieter, die Biogasanlagen als eine komplette Leistung inklusive Planung und Bau „schlüsselfertig" anbieten und ihrerseits für einzelne Komponenten Aufträge erteilen. Der Bauherr kann aber auch selbst die einzelnen Komponenten und Gewerke an verschiedene Unternehmer beauftragten. Der Vorteil, einen Komplettanbieter mit der Planung und Errichtung der gesamten Biogasanlage zu beauftragen, liegt darin, dass dieser als sogenannter Generalunternehmer der einzige Vertragspartner des Bauherrn ist. Im Falle von Mängeln ist somit alleiniger Ansprechpartner der Generalunternehmer, der sich dann nicht darauf berufen kann, dass die Mangelursache aus einem anderen Gewerk stammt. Mit den sogenannten Subunternehmern steht der Bauherr in keiner rechtlichen Beziehung. Mit Abschluss eines Werkvertrages verpflichtet sich der Auftragnehmer zur Herstellung einer Biogasanlage oder gegebenenfalls von Anlagenkomponenten einer solchen. Wesentlich ist der Inhalt des Werkvertrages, für den die gesetzlichen Regelungen der §§ 631 ff. BGB und falls zwischen den Parteien vereinbart, die Allgemeinen Vertragsbedingungen für die Ausführung von Bauleistungen (VOB/B) gelten. Die VOB/B enthält unter anderem spezielle Regeln zur Vergütung, Ausführung, Kündigung, Haftung, Abnahme und Abrechnung, ist regelmäßig als Ganzes vereinbart und geht den gesetzlichen Regelungen der §§ 631 ff. BGB dann vor. Im Folgenden wird auf die Regelungen der §§ 631 ff. BGB eingegangen.

Nach § 633 Abs. 1 BGB hat der Unternehmer die vom Besteller beauftragte Biogasanlage oder beauftragten Anlagekomponenten frei von Sachmängeln zu erstellen. Das Werk ist frei von Sachmängeln, wenn es die vereinbarte Beschaffenheit hat. Das Merkmal der Beschaffenheit ist ein entscheidender Punkt. Bei Abschluss eines Werkvertrages über den Bau einer Biogasanlage sollte im Vertragsgegenstand genau beschrieben und definiert werden, aus welchen Komponenten die Biogasanlage bestehen soll, für welche Leistung sie ausgelegt sein soll und für welche Substrate sie einsetzbar ist. Üblicherweise wird hierzu ein sogenanntes Leistungsverzeichnis erstellt.

8.2 Abnahme der Biogasanlage

Nach der Fertigstellung der Biogasanlage ist der Besteller zur Abnahme verpflichtet. Die Abnahme, d. h. die körperliche Entgegennahme mit der Billigung des Werkes hat mehrere Funktionen. Mit der Abnahme des Werkes ist die Vergütung fällig (§ 641 BGB), die Gefahr des Untergangs, d. h. einer Beschädigung geht auf den Besteller über (§ 644 BGB) und die Verjährungsfrist für Gewährleistungsansprüche beginnt zu laufen. Bei der Abnahme empfiehlt es sich im Hinblick auf die Komplexität einer Biogasanlage einen Sachverständigen hinzuziehen, der gegebenenfalls bereits erkennbare Mängel dokumentiert. Wegen § 640 Abs. 2 BGB muss sich der Besteller seine Gewährleistungsrechte für Mängel, die er bereits kennt, bei der Abnahme vorbehalten, damit er seine diesbezüglichen Rechte nicht verliert.

8.3 Gewährleistungsrechte

Falls eine Biogasanlage mangelhaft ist, kann der Besteller gegenüber dem Unternehmer Gewährleistungsansprüche geltend machen. Zunächst kann der Besteller Nacherfüllung verlangen (§ 635 BGB). Der Unternehmer kann dann den Mangel nach seiner Wahl beseitigen oder eine Neuherstellung vornehmen. Die zum Zwecke der Nacherfüllung anfallenden Kosten trägt der Unternehmer. Erst wenn die Nacherfüllung fehlgeschlagen ist, d. h. der Mangel konnte auch nach wiederholter Nachbesserung nicht beseitigt werden (in der Regel bei zwei fehlgeschlagenen Nachbesserungsversuchen) oder wenn der Unternehmer diese wegen unverhältnismäßiger Kosten verweigern kann, kann der Besteller vom Vertrag zurücktreten oder die Vergütung mindern oder Schadensersatz statt Leistung verlangen (§§ 634, 636, 281 BGB). Daneben besteht ein allgemeiner Schadensersatzanspruch für sogenannte

Mangelfolgeschäden des Bestellers, das sind z. B. Gutachterkosten zur Feststellung des Mangels oder der Ausfallschaden des Betreibers (§§ 634, 280 BGB). Der Besteller kann nach dem erfolglosen Ablauf einer von ihm bestimmten angemessenen Nacherfüllungsfrist den Mangel auch selbst beseitigen und den Ersatz der hierfür erforderlichen Aufwendungen verlangen (§ 637 BGB). Hierbei besteht die Möglichkeit von dem Unternehmer einen Vorschuss für die erforderlichen Kosten zur Beseitigung des Mangels zu verlangen, der erforderlichenfalls eingeklagt werden kann. Zu beachten ist, dass die aufgezeigten Mängelansprüche gemäß § 634 a Abs.1 Nr.2 BGB bei einem Bauwerk in fünf Jahren verjähren. Davon umfasst sind eine komplett beauftragte Biogasanlage, die mit dem Erdboden verbunden ist, aber auch einzelne Komponenten einer solchen und deren Planungsleistungen. Die fünfjährige Verjährungsfrist beginnt mit der Abnahme der Biogasanlage. Die Verjährungsfrist lässt sich einvernehmlich verlängern oder durch ein gerichtliches Verfahren, z. B. Antrag auf Durchführung eines selbstständigen Beweisverfahrens (§ 204 Abs.1 Nr.7 BGB) hemmen.

8.4 Ausfallschaden

Im Falle einer Nacherfüllung, egal ob erfolgreich oder fehlgeschlagen, kann der Besteller vom Unternehmer Schadensersatz verlangen, wenn dieser die Pflichtverletzung zu vertreten hat, d. h. fahrlässig oder vorsätzlich gehandelt hat (§§ 634 Nr.4, 636, 280, 281, 276 BGB). Als Schaden kommt hierbei der Ausfallschaden des Betreibers in Frage, der durch den Ausfall der Biogasanlage entsteht, weil kein Biogas erzeugt wird: die nicht erzielte Vergütung für den zu erzeugenden Strom oder Gas.

Hierzu ein Beispiel aus der Praxis (OLG Koblenz, NJW-RR 2013, 107ff.): Ein Komplettanbieter errichtet eine Biogasanlage im Auftrag des künftigen Betreibers. Nach der Inbetriebnahme der Biogasanlage treten Störungen an den Tauchrührwerken auf, unter anderem sitzt ein Rührwerk in der Substratmasse fest und ein anderes Rührwerk hat sich wegen einer fehlerhaften Schweißverbindung aus der Halterung verschoben. Im Rahmen eines sogenannten selbständigen Beweisverfahrens, stellt sich heraus, dass neben fehlerhaften Schweißarbeiten, die Rührwerksmotoren über eine zu geringe Nennleistung verfügen, um die vom Betreiber eingesetzten Substrate zu bewegen. Der Fermenter und Nachgärer müssen zur Mangelbeseitigung komplett entleert werden, dem Betreiber entsteht durch den Stillstand der Anlage ein erheblicher Ausfallschaden. Wie oben ausgeführt, kommt es bei der Beurteilung der Ansprüche des Betreibers entscheidend darauf an, welche Beschaffenheit die Parteien vereinbart haben. Sind die gelieferten Rührwerke grundsätzlich geeignet, die Mengen an Biomasse zu bewegen, die der Besteller der Anlage bei Auftragserteilung vorgegeben hat? Sind die Rührwerke entsprechend der vereinbarten Spezifikationen ausgeführt? Falls nicht, beispielsweise weil die Rührwerke für die vorgegebenen Substrate unterdimensioniert sind oder die eingebauten Motoren nicht über die vereinbarte Leistung verfügen oder Montagefehler bestehen, liegt ein Mangel vor, der zu einem Schadensersatzanspruch des Betreibers führt. Andererseits kann auch ein Beschickungsfehler der Gärbecken mit erkennbar ungeeigneten Substraten vorliegen, der dem Anlagenbetreiber zuzurechnen ist, mit der Folge, dass der Unternehmer nicht für den Ausfallschaden einstehen muss.

8.5 Exkurs Vereinbarung VOB/B

Wie oben ausgeführt, können bei der Beauftragung des Baus einer Biogasanlage die Allgemeinen Vertragsbedingungen für die Ausführung von Bauleistungen (VOB/B) vereinbart werden, die dann der Anwendung der §§ 631 ff. BGB vorgehen. Wesentlich dabei ist, dass die VOB/B (derzeit Ausgabe 2012) von einem Einheitspreisvertrag ausgeht, d. h. die vom Auftragnehmer erbrachten Leistungen werden nach den vorher vereinbarten Preisen pro Einheit nach Aufmaß abgerechnet. Alternativ können die Vertragsparteien einen Pauschalpreisvertrag vereinbaren, d. h. der vereinbarte Preis gilt unabhängig von den tatsächlich erbrachten Leistungen. Wichtig dabei ist jedoch, dass die Leistungen im Detail in einem der Auftragserteilung zugrunde liegenden Leistungsverzeichnis beschrieben sind (Detail-Pauschalvertrag) oder eine funktionale Leistungsbeschreibung erfolgt (Global-Pauschalvertrag), um einen späteren Streit über den Leistungsumfang und die Vergütungspflicht zu vermeiden. Zusatzarbeiten, die sich während der Bauausführung als erforderlich erweisen, sind bei einem Pauschalpreisvertrag auf der Grundlage eines detaillierten Leistungsverzeichnisses zusätzlich zu beauftragen und vergüten. Die Mängelansprüche verjähren gemäß § 13 Abs.4 Nr.1 VOB/B bereits nach vier Jahren, weshalb regelmäßig eine verlängerte Verjährungsfrist von fünf Jahren vereinbart wird.

8.6 Selbstständiges Beweisverfahren

Um Mängel bei der Errichtung einer Biogasanlage frühzeitig, auch vor der Fertigstellung der Anlage für beide Parteien bindend festzustellen, kann auf Antrag des Bestellers oder Unternehmers beim zuständigen Zivilgericht ein sog. selbstständiges Beweisverfahren nach den §§ 485 ff. Zivilprozessordnung (ZPO) durchgeführt werden. Die gerichtliche Beweiserhebung kann einen langwierigen Gerichtsprozess vermeiden. Alternativ kann von einer der beiden Parteien ein Privatgutachten beauftragt werden, allerdings wird ein Gericht im Falle eines Rechtsstreits mangels eigener Sachkunde regelmäßig ein gerichtliches Sachverständigengutachten einholen, weshalb der Weg über ein selbstständiges Beweisverfahren sinnvoll ist. Das selbstständige Beweisverfahren ist bei einem noch nicht anhängigen Rechtsstreit zulässig, wenn ein rechtliches Interesse daran besteht, den Zustand einer Sache und/oder die Ursachen eines Sachschadens oder Sachmangels und den Aufwand für die Beseitigung eines Sachschadens oder Sachmangels festzustellen (§ 485 Abs.2 ZPO). Ein rechtliches Interesse ist anzunehmen, wenn die Feststellung der Vermeidung eines Rechtsstreits dienen kann, was regelmäßig der Fall ist. Die Klärung von Rechtsfragen, also Fragen der Vertragsauslegung und des grundsätzlichen Bestehens von Rechtsansprüchen sind dagegen nicht Gegenstand eines selbstständigen Beweisverfahrens.

Zur Einleitung eines selbstständigen Beweisverfahrens hat der Antragsteller beim zuständigen Gericht einen schriftlichen Antrag zu stellen und die zugrunde liegenden Unterlagen wie Bauvertrag, Schadensbilder und die bisherige Korrespondenz zur Glaubhaftmachung beizufügen. Der Beweisantrag muss die Bezeichnung des Gegners, die Tatsachen, über die Beweis erhoben werden soll (Art und Umfang des Mangels), die Bezeichnung der Beweismittel (regelmäßig die Einholung eines Sachverständigengutachtens) und die Glaubhaftmachung der Tatsachen, die die Zulässigkeit des selbstständigen Beweisverfahrens begründen sollen, enthalten. Bei der Bezeichnung der Tatsachen, über die Beweis erhoben werden soll, genügt grundsätzlich die Angabe der Beweistatsachen in groben Zügen. Um aber eine umfassende Begutachtung durch den Sachverständigen zu gewährleisten, sollen die zu beweisenden Tatsachen so genau als möglich bezeichnet werden. Zumindest sollen die Mängel ihrem äußeren Erscheinungsbild nach genauestens beschrieben werden. Die vom Antragsteller vermutete Ursache des Mangels muss dagegen nicht vorgetragen werden. Unzulässig ist dagegen die reine Ausforschung, d. h. wenn keine konkreten Tatsachen vorgetragen werden, sondern lediglich Fragen gestellt werden, um anspruchsbegründende Tatsachen herauszufinden.
Beispiel für eine unzulässige Frage: „Welche Mängel weist die Biogasanlage auf?“, dagegen zulässig: „Worauf ist der Bruch des Rührwerkes im Fermenter zurückzuführen? Liegt ein Verstoß gegen die anerkannten Regeln der Baukunst vor?“.

Das Gericht erlässt nach Prüfung der Zulässigkeit des Antrages und gegebenenfalls Gewährung rechtlichen Gehörs für den Antragsgegner, mit der Möglichkeit eigene Beweisfragen zu stellen, einen Beschluss über die Einholung eines schriftlichen Sachverständigengutachtens, der die konkreten Fragestellungen enthält, und beauftragt nach Zahlung des im Beschluss angeforderten Auslagenvorschusses den von ihm ausgewählten Sachverständigen. Das zuständige Gericht wird regelmäßig bei einem Gegenstandswert bis 5 000 € das Amtsgericht und bei einem Streitwert über 5 000 € das Landgericht des Ortes sein, an dem sich der Erfüllungsort befindet, d. h. die Biogasanlage errichtet wird. Der Beweisbeschluss ist nach § 490 Abs.2 Satz 2 ZPO unanfechtbar und kann auf Antrag beider Parteien erweitert und/oder ergänzt werden. Gerichtsgebühren müssen dagegen nicht vorschussweise eingezahlt werden.

Nach seiner Beauftragung beraumt der Sachverständige einen Ortstermin an, an dem beide Parteien und gegebenenfalls deren anwaltliche Vertreter teilnehmen können. Auf der Grundlage der getroffenen Feststellungen und der eigenen Sachkunde erstellt der Sachverständige sein schriftliches Sachverständigengutachten, das das Gericht anschließend den Parteien mit der Möglichkeit übermittelt, schriftlich Ergänzungsfragen zu stellen und/oder die mündliche Anhörung des Sachverständigen durch das Gericht zu beantragen. Über schriftliche Ergänzungsfragen erstellt der Sachverständige ein Ergänzungsgutachten. Nach der Erstellung eines Ergänzungsgutachtens und/oder mündlichen Anhörung des Sachverständigen ist das selbständige Beweisverfahren beendet. Die Parteien werden sodann versuchen, sich auf der Grundlage des Ergebnisses des selbständigen Beweisverfahrens außergerichtlich zu einigen.

Service

Wichtige Adressen und Links

Fachverband Biogas e. V.
Angerbrunnenstraße 12
85356 Freising
Telefon: 08161/984660
Telefax: 08161/984670
E-Mail: info@biogas.org
Internet: http://www.biogas.org

Biogas Forum Bayern
Arbeitsgemeinschaft Landechnik und landwirtschaftliches Bauwesen in Bayern e. V.
(ALB Bayern e.V)
Vöttinger Str. 36
85354 Freising
Telefon: 08161/71-3460
Telefax: 08161/71-5307
E-Mail: info@alb-bayern.de
Internet: http://www.biogas-forum-bayern.de/

Bayerische Landesanstalt für Landwirtschaft (LfL)
Institut für Pflanzenbau und Pflanzenzüchtung
Am Gereuth 8
85354 Freising
Telefon: 08161 71-3637
Telefax: 08161 71-4102
E-Mail: Pflanzenbau@LfL.bayern.de
Internet: http://www.lfl.bayern.de/ipz/

biogas-community
schlattmann sustainables
Dr. agr. Markus Schlattmann
Kolpingstr. 18
84076 Pfeffenhausen
Tel.: +49 (0)8782 9798-250
E-Mail: info@schlattmann.de
Internet: http://www.schlattmann.de/forum/

Fachagentur Nachwachsende Rohstoffe e. V. (FNR)
OT Gülzow
Hofplatz 1
18276 Gülzow-Prüzen
Telefon: 0 38 43/69 30-0
Telefax: 0 38 43/69 30-1 02
E-Mail: info@fnr.de
Internet: http://www.fnr.de/

Deutsche Energie-Agentur GmbH (dena)
Chausseestraße 128 a
10115 Berlin
Telefon: +49 (0)30 72 61 65-600
Telefax: +49 (0)30 72 61 65-699
E-Mail: info@dena.de
Internet: www.dena.de

C. A. R. M. E. N.
Centrales Agrar- Rohstoff- Marketing- und Energie-Netzwerk
Schulgasse 18
94315 Straubing
Tel.: 09421/960-300
Fax: 09421/960-333
E-Mail: contact@carmen-ev.de
Internet: http://www.carmen-ev.de/

DBFZ Deutsches Biomasseforschungszentrum gemeinnützige GmbH
Torgauer Str. 116
04347 Leipzig
Telefon: +49 (0)341 2434-112
Telefax: +49 (0)341 2434-133
E-Mail: info@dbfz.de
Internet: www.dbfz.de

Gutachtergemeinschaft Biogas GmbH
Lantbertstr. 50
85356 Freising
Telefon (08161) 8849 546
Telefax (08161) 8849 547
E-Mail: info@gg-biogas.de
Internet: www.gg-biogas.de

Johann Heinrich von Thünen-Institut
Bundesforschungsinstitut für Ländliche Räume,
Wald und Fischerei
Bundesallee 50
38116 Braunschweig
Telefon: +49 (0) 531–596 1003
Telefax: +49 (0) 531 596 1099
E-Mail: info@ti.bund.de
Internet: http://www.ti.bund.de/

Leibniz-Institut für Agrartechnik Potsdam-Bornim e. V. (ATB)
Max-Eyth-Allee 100
14469 Potsdam
Telefon (0331) 5699 0
Telefax (0331) 5699 849
E-Mail: atb@atb-potsdam.de
Internet: www.atb-potsdam.de

Literaturverzeichnis

Literatur zu Kapitel 1

Bundesministerium für Umwelt, Naturschutz und Reaktorsicherheit (BMU)(Hrsg.): Die Energiewende Zukunft made in Germany, Februar 2012

Deutsches Biomasse Forschungszentrum (DBFZ) 2012: Monitoring zur Wirkung des Erneuerbare-Energien-Gesetz (EEG) auf die Entwicklung der Stromerzeugung aus Biomasse, Endbericht März 2012

Fachagentur Nachwachsende Rohstoffe e. V. (FNR) (Hrsg.): Biogas; 8. überarbeitete Auflage 2012

EEG – Gesetz zur Neuregelung des Rechtsrahmens für die Förderung der Stromerzeugung aus erneuerbaren Energien vom 28. Juli 2011, Bundesgesetzblatt Jahrgang 2011 Teil I Nr. 42, S.1634 ff; Bonn, 4. August 2011

KERN, M., SPRICK, W.: Bioabfallvergärung in Deutschland – Potenzial, Technik und Perspektiven, in: Vorträge des Witzenhausen-Instituts beim 5. Biomasseforum 2011

Literatur zu Kapitel 2

EEG – Gesetz zur Neuregelung des Rechtsrahmens für die Förderung der Stromerzeugung aus erneuerbaren Energien vom 28. Juli 2011 (2012), Bundesgesetzblatt Jahrgang 2011 Teil I Nr. 42, S.1634 ff; Bonn, 4. August 2011

Literatur zu Kapitel 3

Christ, O., 1999: „Leistungscharakteristik der ein- und zweistufigen thermophilen und mesophilen Vergärung von Bioabfällen", Berichte aus Wassergüte- und Abfallwirtschaft, Berichtsheft Nr. 148, 1–137

Duarte, A. C. und Anderson, G. K., 1983: Inhibition modelling in anaeorobic digestion. Wat.Sci.Tech. Vol 14, pp 749–763

Eder, B., Schulz, H., 2006: Biogas Praxis – Grundlagen, Planung, Anlagenbau, Beispiele Wirtschaftlichkeit, Ökobuch Verlag, Staufen bei Freiberg, 1. Auflage, Staufen 1996, 3. vollständig überarbeitete und erweiterte Auflage 2006

Heuwinkel, H., Aschmann, A., Gerlach, R., Gronauer, A., 2009: „Die Genauigkeit der Messung des Gasertragspotentials von Substraten mit der Batchmethode", Internationale Wissenschaftstagung Biogas Sciencs 2009, Band 1, Schriftenreihe der Bayerischen Landesanstalt für Landwirtschaft

Kroiss, H., 1986: „Anaerobe Abwasserreinigung", Wiener Mitteilungen, Wasser-Abwasser-Gewässer, Band 62

Langhans, G., 1999: „Welche Vorteile bringt die Vergärung mit getrennter Hydrolyse?", Entsorgungspraxis 17, 27–34

Sayder, B.; Vitz, H.; Mohring, S.; Merrettig-Bruns, U.; Kabasci, S.; Hamscher, G.; Türk, J., 2009: „Gehemmte Biologie", Biogas-Journal 12 (2009), Nr. 2, S. 44–45

Scherer, P., Vollmer, G.-R., 1999: „Entwicklung eines einfachen Hochleistungsvergärungsverfahrens zur Behandlung von Restmüll", Müll und Abfall 3, 150–158

Wellinger, Dr., A., 1991: Biogashandbuch, Grundlagen – Planung – Betrieb landwirtschaftlicher Anlagen, Verlag Wirtz AG, Aarau

Literatur zu Kapitel 4

Deutsches Biomasse Forschungszentrum (DBFZ) 2012: Monitoring zur Wirkung des Erneuerbare-Energien-Gesetz (EEG) auf die Entwicklung der Stromerzeugung aus Biomasse, Endbericht März 2012

Döring, G., Schilcher, A., Strobl, M., Schleicher, R. Seidl, M., Mitterleiter, J., (2010): Verfahren zum Transport von Biomasse; Biogas Forum Bayern

Nr. II 6/2010, Hrsg. ALB Bayern e. V., http://www.biogas-forum-bayern.de/publikationen/Verfahren_zum_Transport_von_Biomasse.pdf Stand 25.02.2013

Dornack, C. (2001): Thermophile Vergärung von Mischsubstraten, Dresdner Berichte 18, Technische Universität, Institut für Siedlungs- und Industriewasserwirtschaft, 1–154, Dresden

Durst, Leonhard Prof. Dr., Eberlein, Michael (2010): Bereitung hochwertiger Silage – die Grundlage für hohen Biogasertrag; Biogas Forum Bayern Nr. II 7/2010, Hrsg. ALB Bayern e. V., http://www.biogas-forum-bayern.de/publikationen/Bereitung_hochwertiger_Silage.pdf Stand 25.02.2013

Effenberg, Dr. M., Aschmann, C., Herb, C., Helm, Dr. M., Müller, J. S., (2012): Empfehlungen für die messtechnische Ausstattung landwirtschaftlicher Biogasanlagen, Biogas Forum Bayern Nr. IV 7/2012, Hrsg. ALB Bayern e. V., http://www.biogas-forum-bayern.de/publikationen/Empfehlungen_Messtechnik.pdf Stand 25.02.2013

Fachagentur Nachwachsende Rohstoffe e. V. (FNR), 2009, Biogas-Messprogramm II 61 Biogasanlagen im Vergleich, 1. Auflage, 2009

Hilse, Annika; Plöchl, Matthias; Heiermann, Monika; Budde, Jörn; Suarez, Teresa (2010): Enzyme im Einsatz; Sonderdruck aus 8–2010, Neue Landwirtschaft; dlv; Berlin

Kissel, R., Effenberg, Dr. M., Herb, C. (2010): Empfehlungen für die Auswahl von Rührwerken für Gärbehälter; Biogas Forum Bayern Nr. IV 2/2010, Hrsg. ALB Bayern e. V., http://www.biogas-forum-bayern.de/publikationen/Empfehlungen.fuer.die.Auswahl.von.Ruehrwerken.fuer.Gaerbehaelter.pdf Stand 25.02.2013

Kuratorium für Technik und Bauwesen in der Landwirtschaft e. V. (KTBL); Leibnitz-Institut für Agrartechnik Potsdam-Bornim e. V. (ATB) (2006): Energiepflanzen Daten für die Planung des Energiepflanzenanbaus; Darmstadt, Potsdam;

Kuratorium für Technik und Bauwesen in der Landwirtschaft e. V. (2009): KTBL-Heft 84 Schwachstellen an Biogasanlagen verstehen und vermeiden; Darmstadt; 2. überarbeitet Auflage 2009

Marcyniszyn (2004):
in: KTBL-Schrift Nr. 420 Die Landwirtschaft als Energieerzeuger. Wo liegen die Chancen für Biogas, Biokraftstoff, Biobrennstoff und Fotovoltaik. KTBL-Tagung vom 30. bis 31. März 2004 in Osnabrück, Landwirtschaftsverlag Münster-Hiltrup

Richter, Dr. Wolfgang, Rößl, Georg (2012): Höhere Verluste bei nicht abgedeckten Silos – Ergebnisse einer Feldstudie; Biogas Forum Bayern Nr. II 2/2012, Hrsg. ALB Bayern e. V., http://www.biogas-forum-bayern.de/publikationen/Hohere_Verluste_bei_nicht_abgedeckten_Silos_Ergebnisse_einer_Feldstudie_2.pdf Stand 25.02.2013

VDI Richtlinie 3475 Blatt 4 (2010): Emissionsminderung – Biogasanlagen in der Landwirtschaft – Vergärung von Energiepflanzen und Wirtschaftsdünger; Hrsg.: VDI Gesellschaft Energie und Umwelt; Düsseldorf, 2010

Voigtländer, Gerhard (Hrsg.); Jacob, Helmut; Boeker, Peter (Mitverf.) (1987): Grünlandwirtschaft und Futterbau; Verlag Eugen Ulmer, Stuttgart

Literatur zu Kapitel 5

BImSchG – Bundesimmissionsschutzgesetz in der Fassung der Bekanntmachung vom 17. Mai 2013 (BGBl. I S. 1274), das durch Artikel 1 des Gesetzes vom 2. Juli 2013 (BGBl. I S. 1943) geändert worden ist

BioAbfV –Bioabfallverordnung in der Fassung der Bekanntmachung vom 4. April 2013 (BGBl. I S. 659)

Verordnung (EG) Nr. 1069/2009 des Europäischen Parlaments und des Rates vom 21. Oktober 2009 mit Hygienevorschriften für nicht für den menschlichen Verzehr bestimmte tierische Nebenprodukte und zur Aufhebung der Verordnung (EG) Nr. 1774/2002 (Verordnung über tierische Nebenprodukte) vom 21. Oktober 2009 (ABl. Nr. L 300 S. 1)
EU-Dok.-Nr. 3 2009 R 1069 zuletzt geändert durch Art. 63 ÄndRL 2010/63/EU vom 22. 9. 2010 (ABl. Nr. L 276 S. 33)

Fachagentur Nachwachsende Rohstoffe e. V. (FNR), 2009, Einspeisung von Biogas in das Erdgasnetz. 4. unveränderte Auflage, 2009

TA Luft – Erste Allgemeine Verwaltungsvorschrift zum Bundes–Immissionsschutzgesetz (Technische Anleitung zur Reinhaltung der Luft – TA Luft) vom 24. Juli 2002 (GMBl. 2002, Heft 25–29, S. 511–605)

TierNebV –Tierische-Nebenprodukte-Beseitigungsverordnung – Verordnung zur Durchführung des Tierische Nebenprodukte-Beseitigungsgesetzes vom 27. Juli 2006 (BGBl. I S. 1735), die zuletzt durch Artikel 2 der Verordnung vom 23. April 2012 (BGBl. I S. 611) geändert worden ist

VDI Richtlinien 3475 Blatt 1: Emissionsminderung – Biologische Abfallbehandlungsanlagen – Kompostierung und Vergärung; Anlagenkapazität mehr als ca. 6000 Mg/a. Hrsg.: VDI Gesellschaft Energie und Umwelt; Düsseldorf, 2003

VDI Richtlinien 3475 Blatt 2: Emissionsminderung – Biologische Abfallbehandlungsanlagen – Kompostierung und (Co-) Vergärung – Anlagenkapazität bis ca. 6.000 Mg/a.
Hrsg.: VDI; Düsseldorf, 2005

VDI Richtlinien 3477: Biologische Abgasreinigung – Biofilter. VDI Gesellschaft Energie und Umwelt; Düsseldorf, 2004

Literatur zu Kapitel 6

Bundesnetzagentur für Elektrizität, Gas, Telekommunikation, Post und Eisenbahnen (Hrsg.) 2011: Bericht der Bundesnetzagentur über die Auswirkungen der Sonderregelungen für die Einspeisung von Biogas in das Erdgasnetz gemäß § 37 GasNZV an die Bundesregierung zum 31.05.2012

Biokraft-NachV – Biokraftstoff-Nachhaltigkeitsverordnung vom 30. September 2009 (BGBl I S. 3182), die zuletzt durch Artikel 2 der Verordnung vom 26. November 2012 (BGBl I S. 2363) geändert worden ist

Deutsches Biomasseforschungszentrum (DBFZ), 2012: Monitoring zur Wirkung des Erneuerbare-Energien-Gesetz (EEG) auf die Entwicklung der Stromerzeugung aus Biomasse, Endbericht März 2012

DVGW Technische Regel Arbeitsblatt G 260: Gasbeschaffenheit. Wirtschafts- und Verlagsgesellschaft Gas und Wasser mbH, Bonn, 2008

DVGW Technische Regel Arbeitsblatt G 685: Wirtschafts- und Verlagsgesellschaft Gas und Wasser mbH Bonn, 2007

erdgas mobil GmbH: Anzahl der Erdgastankstellen mit reinem Bio-Erdgas in sieben Monaten mehr als verdoppelt. Pressemitteilung vom 13. August 2012, http://www.erdgas-mobil.de/presse-aktuelles/meldungen/2012/meldung/mitteilung/anzahl-der-erdgastankstellen-mit-reinem-bio-erdgas-in-sieben-monaten-mehr-als-verdoppelt/; Aufruf vom 15.01.2012

EEG – Gesetz zur Neuregelung des Rechtsrahmens für die Förderung der Stromerzeugung aus erneuerbaren Energien vom 28. Juli 2011, Bundesgesetzblatt Jahrgang 2011 Teil I Nr. 42, S. 1634 ff; Bonn, 4. August 2011

EEWärmeG – Erneuerbare-Energien-Wärmegesetz vom 7. August 2008 (BGBl I S. 1658), das zuletzt durch Artikel 2 Absatz 68 des Gesetzes vom 22. Dezember 2011 (BGBl I S. 3044) geändert worden ist

EWärmeG – Erneuerbare-Wärme-Gesetz (Gesetz zur Nutzung erneuerbarer Wärmeenergie in Baden-Württemberg) vom 20.11.2007 (GBl. S. 531), in Kraft getreten am 01.01.2008

Fachagentur Nachwachsende Rohstoffe e. V. (FNR) (Hrsg.), 2012: Biomethan. Gülzow 2012

Fachagentur Nachwachsende Rohstoffe e. V. (FNR) (Hrsg.), 2009: Studie Einspeisung von Biogas in das Erdgasnetz. 4. unveränderte Auflage, Gülzow 2009

GasNEV – Gasnetzentgeltverordnung vom 25. Juli 2005 (BGBl. I S. 2197), die zuletzt durch Artikel 5 der Verordnung vom 3. September 2010 (BGBl. I S. 1261) geändert worden ist

GasNZV – Gasnetzzugangsverordnung vom 3. September 2010 (BGBl. I S. 1261), die durch Artikel 4 der Verordnung vom 30. April 2010 (BGBl. I S. 1002) geändert worden ist

Urban, W.; Girod, K.; Lohmann, H.; Dachs, G.; Zach, C. (2009): Technologien und Kosten der Biogasaufbereitung und Einspeisung in das Erdgasnetz. Ergebnisse der Markterhebung 2007–2008; hrsg. vom Fraunhofer-Institut für Umwelt-, Sicherheits- und Energietechnik (Fraunhofer UMSICHT), Oberhausen, 2009

Literatur zu Kapitel 7

Arbeitsgemeinschaft für sparsamen und umweltfreundlichen Energieverbrauch e. V. (ASUE), Stadt Frankfurt a. M., (Hrsg.): BHKW-Kenndaten 2011. Module, Anbieter, Kosten. Verlag für sparsamen und umweltfreundlichen Energieverbrauch; Essen, 2011

Bayerische Landesanstalt für Landwirtschaft (LfL) 2009: Biogas. Was kosten Substrate frei Fermenter? LfL- Informationen, 2008

EEG 2012 – Gesetz zur Neuregelung des Rechtsrahmens für die Förderung der Stromerzeugung aus erneuerbaren Energien vom 28. Juli 2011, Bundesgesetzblatt Jahrgang 2011 Teil I Nr. 42, S.1634 ff; Bonn, 4. August 2011

https://www-genesis.destatis.de/genesis/online/data;jsessionid=2DD09FA5504454E771EC1AAF8D7214DD.tomcat_GO_2_1?operation=abruftabelleBearbeiten&levelindex=2&levelid=1374314545523&auswahloperation=abruftabelleAuspraegungAuswaehlen&auswahlverzeichnis=-ordnungsstruktur&auswahlziel=werteabruf&selectionname=61211-0001&auswahltext=%23SPROAT8-GETREIDE01%23Z-01.01.2012%2C01.01.2011%2C01.01.2010%2C01.01.2009%2C01.01.2008%2C01.01.2007%2C01.01.2006%2C01.01.2005%2C01.01.2004%2C01.01.2003%2C01.01.2002%2C01.01.2001%2C01.01.2000&werteabruf=Werteabruf Abruf am 26.06.2013

Fachagentur Nachwachsende Rohstoffe e. V. (FNR) (Hrsg.), 2009: Biogas-Messprogramm II 61 Biogasanlagen im Vergleich, 1. Auflage, 2009

Kuratorium für Technik und Bauwesen in der Landwirtschaft e. V. (KTBL) (2009): Faustzahlen Biogas; Darmstadt; 2. Auflage 2009;

Kuratorium für Technik und Bauwesen in der Landwirtschaft e. V. (2009): KTBL-Heft 84 Schwachstellen an Biogasanlagen verstehen und vermeiden; Darmstadt; 2. überarbeitet Auflage 2009

Kuratorium für Technik und Bauwesen in der Landwirtschaft e. V. (KTBL) (2010): KTBL-Heft 88 Gasausbeute in landwirtschaftlichen Biogasanlagen; Darmstadt; 2. überarbeitet Auflage, 2010

Rauh, Dr. Stepan: Substratpreise 2010 – Ergebnisse einer Umfrage. in: Biogasjournal 3_2011; Hrsg. Fachverband Biogas e. V., Freising

Rauh, Dr. Stepan: Substratpreise 2011 – wenig Bewegung im Markt. in Biogasjournal 2_2012; Hrsg. Fachverband Biogas e. V., Freising

Rauh, Dr. Stepan: Substratpreise steigen weiter. in Biogasjournal 2_2013; Hrsg. Fachverband Biogas e. V., Freising

VDI Richtlinie 4630 (2006): Vergärung organischer Stoffe – Substratcharakterisierung, Probennahme, Stoffdatenerhebung, Gärversuche. Hrsg.: VDI Gesellschaft Energie und Umwelt, Düsseldorf, 2006

VDI Richtlinie 4631 (2011): Gütekriterien für Biogasanlagen. Hrsg.: VDI Gesellschaft Energie und Umwelt, Düsseldorf, 2011

Literatur zu Kapitel 8

Palandt, O.: Bürgerliches Gesetzbuch. Verlag C. H. Beck München, 73. Aufl. 2014

Werner, Prof. Dr. U., Pastor, Dr. W.: Der Bauprozess. Werner Verlag Düsseldorf, 14. Aufl. 2013

Ingenstau, H., Korbion, H., Kratzenberg, R., Leupertz, S. (2013): VOB Teile A und B Kommentar. Verlag C. H. Beck München, 18. Aufl. 2013

Die Autoren

Prof. Dr.-Ing. Uwe Görisch ist Honorarprofessor am Karlsruher Institut für Technologie (KIT), Universität des Landes Baden-Württemberg und nationales Forschungszentrum in der Helmholtz-Gemeinschaft. Er ist Geschäftsführer der Prof. Dr.-Ing. Uwe Görisch GmbH. Das Ingenieurbüro beschäftigt sich mit der Planung, Genehmigung und Verwirklichung von Biogasanlagen.

Dr. Markus Helm ist öffentlich bestellter und vereidigter Sachverständiger für die Behandlung und Verwertung von Bioabfällen insbesondere durch Kompostierung und Vergärung und Geschäftsführer der Gutachtergemeinschaft Biogas GmbH.
Zudem ist Dr. Helm Lehrbeauftragter an der Hochschule Weihenstephan-Triesdorf (Kompostierung, Vergärung, Technologie Erneuerbare Energien – Biogas).

Unter Mitarbeit von:
Micha Klewar, Rechtsanwaltsgesellschaft, München, Rechtsanwalt und Fachanwalt für Verwaltungsrecht, Price Waterhouse Coopers Legal AG
Dr. Helmut Loibl, Rechtsanwalt und Fachanwalt für Verwaltungsrecht, Paluka, Sobola, Loibl & Partner, Rechtsanwälte, Regensburg
Dipl.-Ing. (FH) Benjamin Reis, Prof. Dr.-Ing. Uwe Görisch GmbH, Karlsruhe
Patrick Rosenow, Rechtsanwalt, Rechtsanwälte Rosenow & Tiemann, München

Bildquellen

Helm, Markus: Titelfoto

Alle anderen Abbildungen stammen, wenn nicht anders vermerkt, von den Autoren.

Die Zeichnungen fertigte Artur Piestricow nach Vorlagen der Autoren.

Register

Die in diesem Buch enthaltenen Empfehlungen und Angaben sind vom Autor mit größter Sorgfalt zusammengestellt und geprüft worden. Eine Garantie für die Richtigkeit der Angaben kann aber nicht gegeben werden. Autor und Verlag übernehmen keinerlei Haftung für Schäden und Unfälle.

Bibliografische Information der Deutschen Nationalbibliothek
Die Deutsche Nationalbibliothek verzeichnet diese Publikation in der Deutschen Nationalbibliografie; detaillierte bibliografische Daten sind im Internet über http://dnb.d-nb.de abrufbar.

Wollgrasweg 41, 70599 Stuttgart (Hohenheim)
E-Mail: info@ulmer.de
Internet: www.ulmer.de
Lektorat: Werner Baumeister
Herstellung: Silke Reuter
Umschlagentwurf: Atelier Reichert, Stuttgart
Satz: pagina GmbH, Tübingen
Druck und Bindung: Friedrich Pustet, Regensburg
Printed in Germany

ISBN 978-3-8001-7885-8